重型燃气轮机叶片用典型高温合金断口及组织图谱

束国刚　姚志浩　张　涛　著

北　京

冶金工业出版社

2024

内 容 提 要

本书针对 DZ411、K411、K6414、K452 四种燃气轮机透平叶片用高温合金开展了不同测试条件、不同测试类型（拉伸、持久、高周疲劳、低周疲劳等）的断裂断口及典型组织特征研究，并针对燃气轮机长寿命性能要求，开展了近 10000 h 的持久性能数据测试及组织图谱分析。全书共分 4 章，内容包括 DZ411 合金断口及组织特征、K411 合金断口及组织特征、K6414 合金断口及组织特征、K452 合金断口及组织特征。

本书可供从事失效分析与预防、高温合金研制与工程应用、燃气轮机热端部件设计及寿命分析等科研人员阅读，也可供大专院校金属材料类专业的师生参考。

图书在版编目(CIP)数据

重型燃气轮机叶片用典型高温合金断口及组织图谱／束国刚，姚志浩，张涛著.—北京：冶金工业出版社，2024.5
ISBN 978-7-5024-9870-2

Ⅰ.①重… Ⅱ.①束… ②姚… ③张… Ⅲ.①燃气轮机—燃气喷嘴—叶片—耐热合金—断口金相—图谱 Ⅳ.①TG132.3-64

中国国家版本馆 CIP 数据核字(2024)第 094419 号

重型燃气轮机叶片用典型高温合金断口及组织图谱

出版发行	冶金工业出版社	电　话	(010)64027926
地　　址	北京市东城区嵩祝院北巷39号	邮　编	100009
网　　址	www.mip1953.com	电子信箱	service@mip1953.com

责任编辑　高　娜　美术编辑　吕欣童　版式设计　郑小利
责任校对　王永欣　责任印制　窦　唯
北京捷迅佳彩印刷有限公司印刷
2024年5月第1版，2024年5月第1次印刷
710mm×1000mm　1/16；13.5印张；264千字；208页
定价179.00元

投稿电话　(010)64027932　投稿信箱　tougao@cnmip.com.cn
营销中心电话　(010)64044283
冶金工业出版社天猫旗舰店　yjgycbs.tmall.com
(本书如有印装质量问题，本社营销中心负责退换)

前　言

燃气轮机是我国能源发展战略中的关键装备，有着极其广泛的应用。它不仅是国防装备中极其关键的设备，而且在国家电力、能源开采和输送、分布式能源系统等领域中也有着不可替代的战略地位和作用。

燃气轮机的可靠性在很大程度上取决于热端部件的可靠性，透平叶片作为燃气轮机的核心热端部件，其材料的性能数据及失效机理是叶片设计、结构完整性评价、运行维护的基础和重要依据，也是燃气轮机安全性、可靠性的重要保证。

我国重型燃气轮机的自主研发起步较晚，与其相配套的高温合金材料较少，国内高温合金材料的研发、性能数据及失效分析等研究工作主要服务于航空工业。然而，相较于航空发动机，重型燃气轮机由于其长寿命的设计特点，对材料的性能提出了不同于航空发动机的需求。

为了满足重型燃气轮机研制需求，中国联合重型燃气轮机技术有限公司联合国内多家科研单位及高校开展了 300 MW 级 F 级重型燃气轮机材料数据库补充测试工作，针对 DZ411、K411、K6414、K452 四种透平叶片用高温合金开展了全面的材料性能数据测试，其中蠕变及持久性能单个试样的实测寿命达 35000 h，为我国重型燃气轮机设计用材料数据库的建立提供了强有力的支持。

本书由中国联合重型燃气轮机技术有限公司联合北京科技大学姚志浩教授团队共同撰写。本书所有测试样品及数据均来自中国联合重型燃气轮机技术有限公司材料数据库补充测试项目。由于受测试时长的限制，本书内容只包括近 10000 h 及以下的测试试样组织与断口分析。

　　由于作者理论水平和实践经验所限，书中难免存在不妥之处，敬请读者批评指正。

作　者

2024 年 1 月

目　　录

1 DZ411合金断口及组织特征

1.1 概　述

DZ411 合金是一种性能优异的镍基沉淀硬化型定向凝固铸造高温合金。该合金近似于国外牌号 GTD111 DS 合金，合金强度高，抗氧化和耐热腐蚀性能优良。适合用于制造重型燃气轮机透平叶片和其他高温部件。

1.2 显微组织结构

本书中 DZ411 合金的热处理制度为：固溶阶段(1220 ℃，保温 2 h，空冷)＋第一段时效阶段(1120 ℃，保温 2 h，空冷)＋第二段时效阶段(850 ℃，保温 24 h，空冷)。该高温合金热处理状态下，观察到的横向显微组织基本为等轴状枝晶分布，纵向组织形貌可见一次枝晶纵向排布，其显微组织特征见图 1.1。

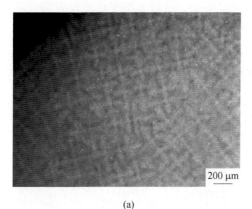

(a)　　　　　　　　　　　　　　　　(b)

图 1.1　DZ411 合金显微组织特征

（a）横向显微组织；（b）纵向显微组织

场发射电镜下，其热处理态的显微组织特征见图 1.2。其显微组织由 γ+γ′相组成，并存在少量共晶相和针状、块状碳化物。

(a)　　　　　　　　　　　　　　　　　(b)

图 1.2　DZ411 显微组织特征
（a）γ+γ′相；（b）共晶与碳化物

1.3　拉　伸　特　征

1.3.1　拉伸断口特征

（1）宏观特征：在 100~500 ℃条件下，横向与纵向试样单向拉伸特征为：所有拉伸试样的断口基本特征为一个垂直轴向的断面，断口上均存在二次裂纹；随着测试温度的升高，断口表面高低差增加，在较低温度拉伸测试后的断口呈银灰色，在高温 500 ℃条件下拉伸后，由于高温氧化，试样表面颜色暗沉发黄。断口整体宏观特征近似，断后中部呈纤维区，边缘存在较小面积的剪切唇区。其中，横向拉伸断口呈明显的枝晶断裂形貌，纵向断口出现沿晶的二次裂纹，合金横纵两方向的拉伸后试样均未出现缩颈现象，见图 1.3。

100 ℃　　　　　　　　　　　　　　　　200 ℃

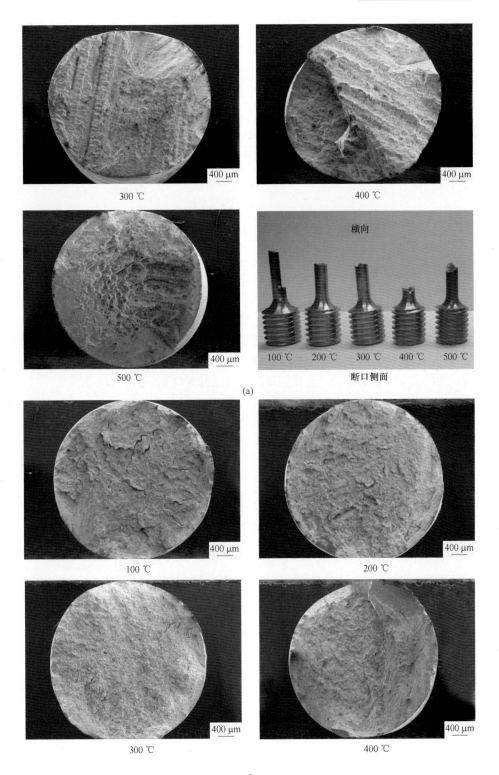

300 ℃

400 ℃

500 ℃

横向

100 ℃　200 ℃　300 ℃　400 ℃　500 ℃

断口侧面

(a)

100 ℃

200 ℃

300 ℃

400 ℃

500 ℃

(b)

图 1.3 在 100~500 ℃温度拉伸断口宏观形貌

（横向拉伸指的是垂直于枝晶生长方向拉伸；纵向拉伸指的是平行于枝晶生长方向拉伸）

（a）横向拉伸断口特征；（b）纵向拉伸断口特征

（2）断口显微形貌：合金在 100~500 ℃拉伸后，横向和纵向断口微观特征差异明显。横向拉伸断口二次裂纹较少，主要以台阶状和大量韧窝组成，韧窝分布紧凑，沿晶的二次裂纹内部存在断裂的碳化物，周围分布细小韧窝。纵向拉伸试样断口呈现河流状花样和二次裂纹分布于断口中心，断面微观可见明显的十字枝晶断裂形貌，之间为韧窝断裂形貌，呈现撕裂韧窝特征的断口少，如图 1.4 所示。

(a)

图 1.4　拉伸断口微观形貌

（a）横向拉伸断口特征；（b）纵向拉伸断口特征

1.3.2　拉伸组织特征

1.3.2.1　应力端横截面组织

在短时拉伸条件下，从 100 ℃到 500 ℃不同温度拉伸后的应力端横截面显微组织仍保持了良好的稳定性。主要特征为：一次 γ′相呈立方状规则排列，基体通道内存在大量细小的球形二次 γ′相。在低倍下观察到横向试样枝晶间存在大量大块状共晶，而在纵向拉伸试样的横截面几乎观察不到共晶，碳化物尺寸也明显下降，见图 1.5。

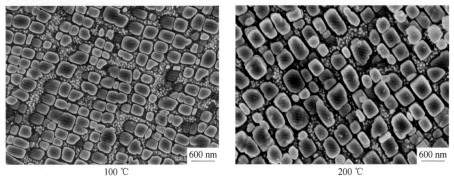

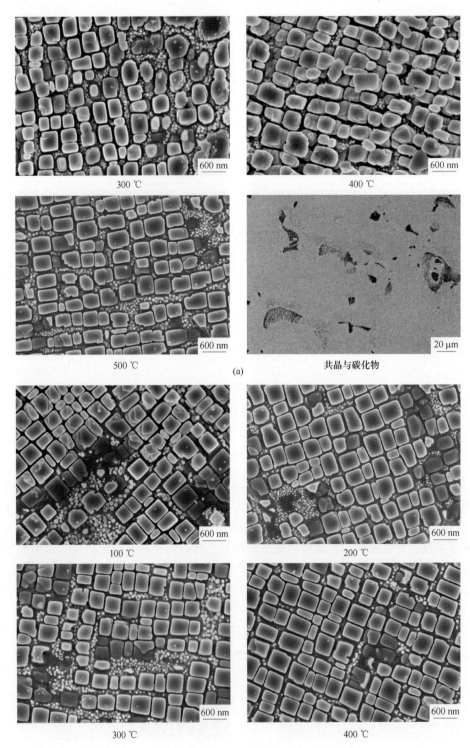

300 ℃

400 ℃

500 ℃

共晶与碳化物

(a)

100 ℃

200 ℃

300 ℃

400 ℃

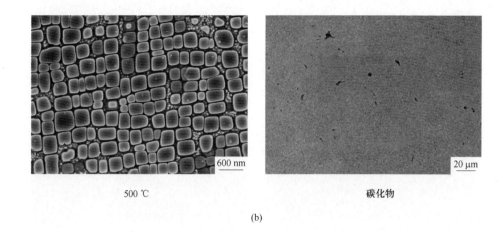

500 ℃   碳化物

(b)

图 1.5　距断口 5 mm 横截面显微组织

（a）横向拉伸显微组织特征；（b）纵向拉伸显微组织特征

1.3.2.2　应力端纵截面组织

距断口 5 mm 的显微组织特征如图 1.6 所示。一般来说，定向凝固镍基高温合金中 γ′ 相沿 <001> 方向生长，在横向拉伸试样的纵截面内，部分晶粒取向不同造成纵剖沿（111）面切割，使得切割面沿立方状 γ′ 相的体对角线，造成部分 γ′ 相呈三角状。在纵向拉伸试样的纵截面观察，γ′ 相保持良好的立方形态。在拉伸短时应力下，100~500 ℃ 下所有断口附近的碳化物均发生了穿透碳化物本身的裂纹。

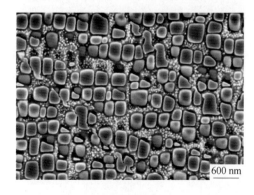

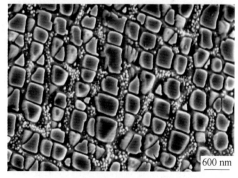

100 ℃   200 ℃

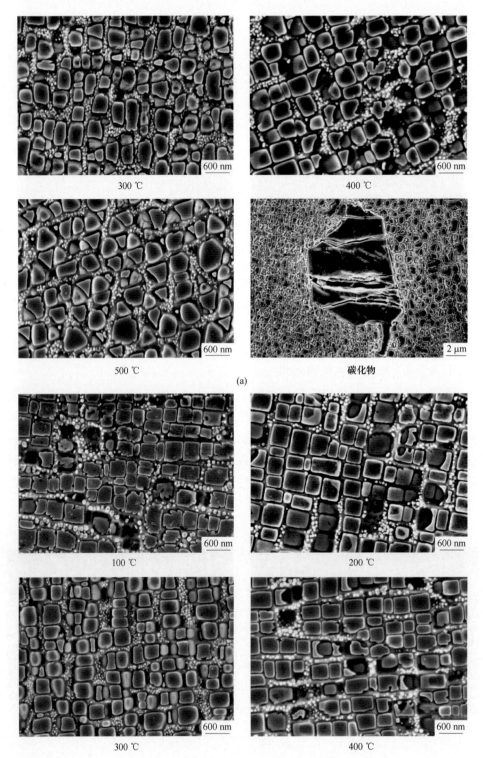

300 ℃   600 nm

400 ℃   600 nm

500 ℃   600 nm

碳化物   2 μm

(a)

100 ℃   600 nm

200 ℃   600 nm

300 ℃   600 nm

400 ℃   600 nm

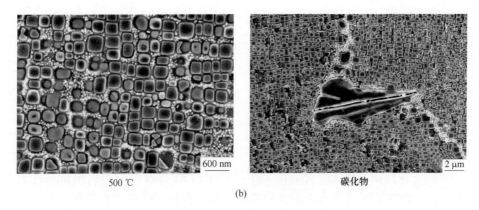

500 ℃   碳化物

(b)

图 1.6　纵截面显微组织

（a）横向拉伸；（b）纵向拉伸

1.3.2.3　断口附近二次裂纹

如图 1.7 所示，在 300 ℃ 拉伸后的断口附近的纵截面显示，横向拉伸当晶界

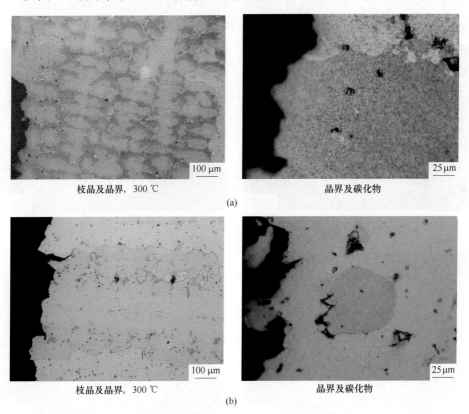

枝晶及晶界，300 ℃   晶界及碳化物

(a)

枝晶及晶界，300 ℃   晶界及碳化物

(b)

图 1.7　纵截面二次裂纹情况

（a）横向拉伸纵截面；（b）纵向拉伸纵截面

平行于断口平面时，无明显的二次裂纹萌生，断口附近的碳化物上出现裂纹，但并没有造成其扩展。纵向拉伸断口附近二次裂纹沿晶界向内扩展，断口附近内部晶界碳化物成为二次裂纹发源地。

1.4　持久特征

1.4.1　持久断口特征

（1）宏观特征：DZ411 合金在 750~900 ℃/170~780 MPa 持久测试条件下的持久断口，在高温下没有出现明显的缩颈现象，合金试样在 750 ℃断口表面呈暗灰色，经过 850 ℃持久后的断口颜色变为灰黑色，经过 900 ℃持久后的试样断口呈现黑绿色。试样表面存在不同程度的绿色氧化皮，在 750 ℃持久的试样仍能观察到灰金属色，而在 900 ℃持久后的试样表面完全被深绿色氧化皮包裹。在同一温度下，断裂表面微裂纹随着持久时间变长越为明显，同时所有宏观断口表面均可观察到不同位置、大小的孔洞，见图 1.8。断口侧面未见明显裂纹，说明高温下氧化层可能起到了一定的保护作用，裂纹未从表面萌生。

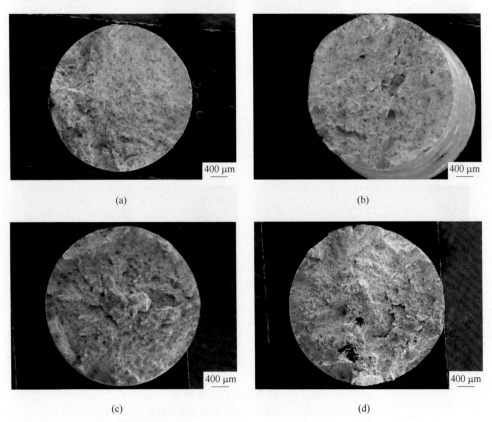

(a)

(b)

(c)

(d)

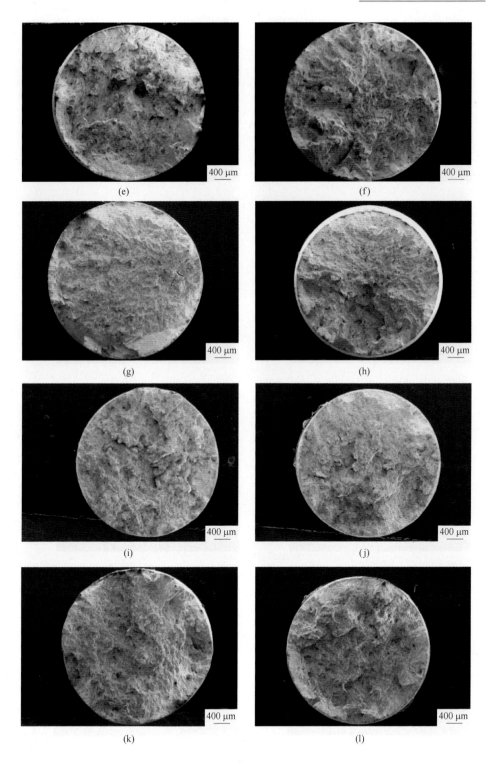

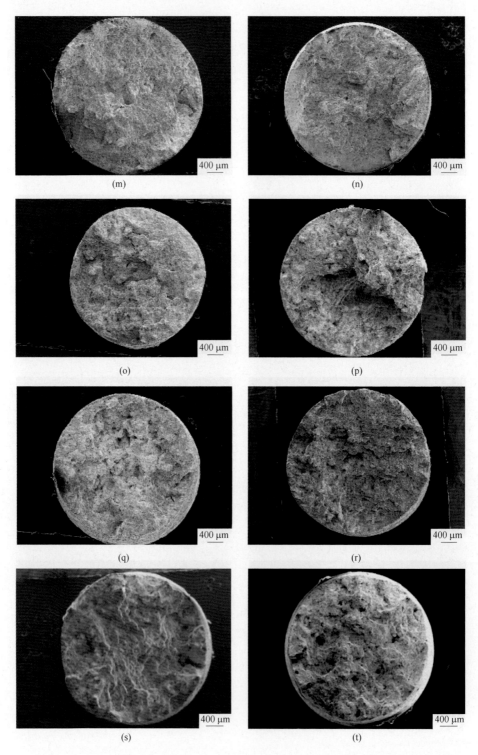

(m)

(n)

(o)

(p)

(q)

(r)

(s)

(t)

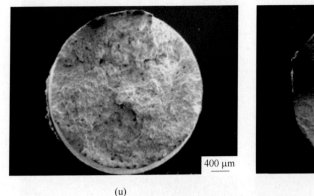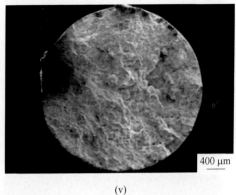

(u)   (v)

图 1.8　持久断口宏观形貌

（a）750 ℃/490 MPa/13240 h；（b）750 ℃/550 MPa/4062 h；（c）750 ℃/550 MPa/7275 h；
（d）750 ℃/605 MPa/2094 h；（e）750 ℃/650 MPa/1360 h；（f）750 ℃/705 MPa/311.4 h；
（g）750 ℃/720 MPa/273 h；（h）750 ℃/780 MPa/55.5 h；（i）850 ℃/235 MPa/8390 h；
（j）850 ℃/280 MPa/6553 h；（k）850 ℃/345 MPa/1562 h；（l）850 ℃/390 MPa/583 h；
（m）850 ℃/450 MPa/268 h；（n）850 ℃/475 MPa/74 h；（o）900 ℃/150 MPa/8332 h；
（p）900 ℃/170 MPa/4268 h；（q）900 ℃/170 MPa/3679 h；（r）900 ℃/210 MPa/1839 h；
（s）900 ℃/230 MPa/1432 h；（t）900 ℃/270 MPa/629 h；（u）900 ℃/310 MPa/142 h；
（v）900 ℃/350 MPa/110 h

（2）断口微观特征：DZ411 合金高温持久断口整体微观特征差异不明显。在 750 ℃持久条件下，断口边缘可见局部小斜面，斜面呈现细小的韧窝形貌，中心区域以枝晶及不规则的韧窝形貌为主，韧窝底部呈现显微孔洞或破碎的块状碳化物，氧化现象并不严重。在 850 ℃持久条件下，断口二次裂纹宽度及长度增加，存在拉长的韧窝，断口表面已出现氧化，呈膜状黏附在碳化物与韧窝内。在 900 ℃持久条件下的断面氧化非常严重，基本呈现氧化颗粒堆积形貌，见图 1.9。

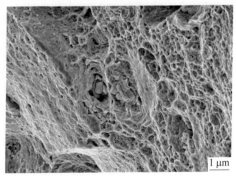

(a)   (b)

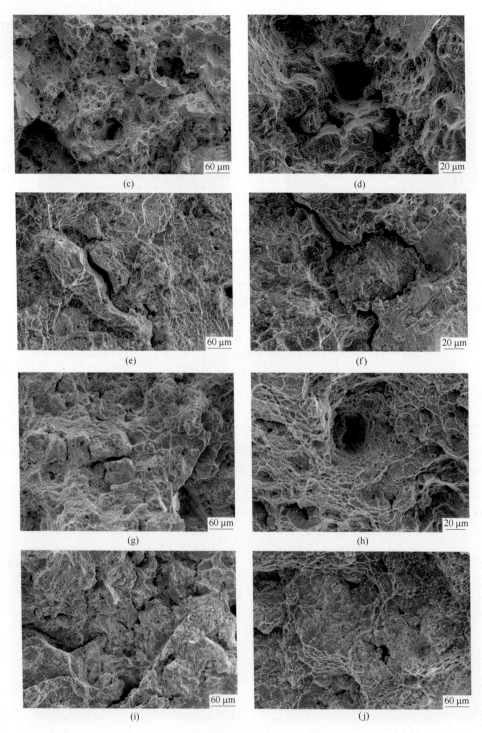

(c)

(d)

(e)

(f)

(g)

(h)

(i)

(j)

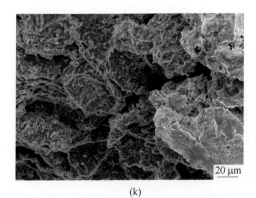
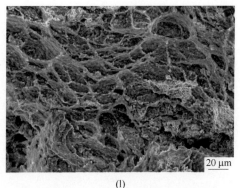

(k)   (l)

图 1.9 持久断口微观形貌

(a)（b）750 ℃/490 MPa/13240 h；(c)（d）750 ℃/780 MPa/56 h；(e)（f）850 ℃/235 MPa/8390 h；
(g)（h）850 ℃/475 MPa/74 h；(i)（j）900 ℃/150 MPa/8332 h；(k)（l）900 ℃/270 MPa/629 h

　　整体上看，高温持久断口均呈现二次裂纹、显微孔洞、少量枝晶及不规则韧窝的断裂特征，断口表面粗糙；随着持久温度的升高及持久时间的增加，试样表面氧化现象越严重。

1.4.2 持久组织特征

1.4.2.1 应力端横截面组织

　　从距离断口 5 mm 处的横截面来看，在 750 ℃持久测试温度下，长时间持久条件下的一次 γ′相立方度完整，二次 γ′相分布于基体通道内，见图 1.10（a）~（h）。

　　而在 850 ℃持久测试温度下，长时间持久高应力下，一次 γ′相立方度下降，相邻 γ′相间基体通道消失，部分联结形成"L"状，随着应力降低一次 γ′相粗化明显，二次 γ′相显著长大，基体通道再变宽，见图 1.10（i）~（n）。

　　在 900 ℃持久测试温度下，持久高应力下 γ′相和 γ 基体分明，而随着持久应力降低，持久时间延长，γ 基体通道被粗大的 γ′相覆盖，连成一片呈糊状，见图 1.10（o）~（v）。

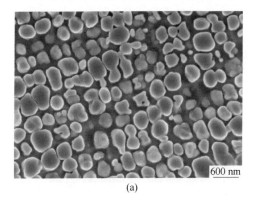
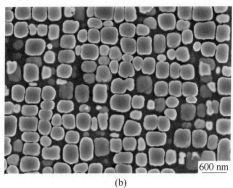

(a)   (b)

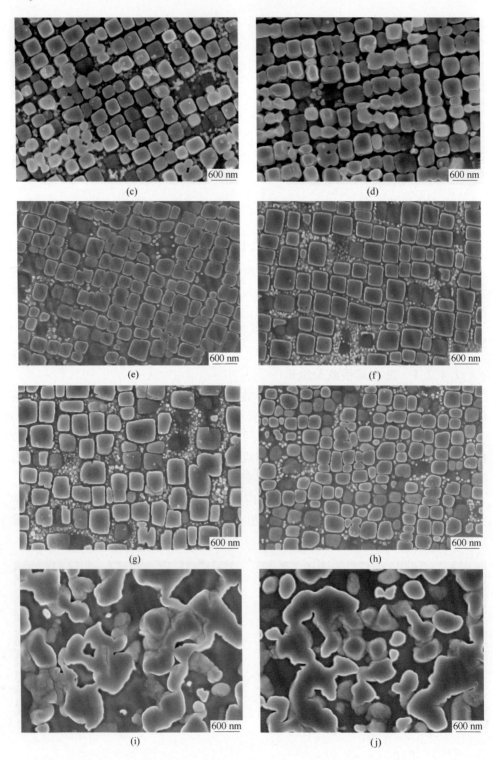

(c)

(d)

(e)

(f)

(g)

(h)

(i)

(j)

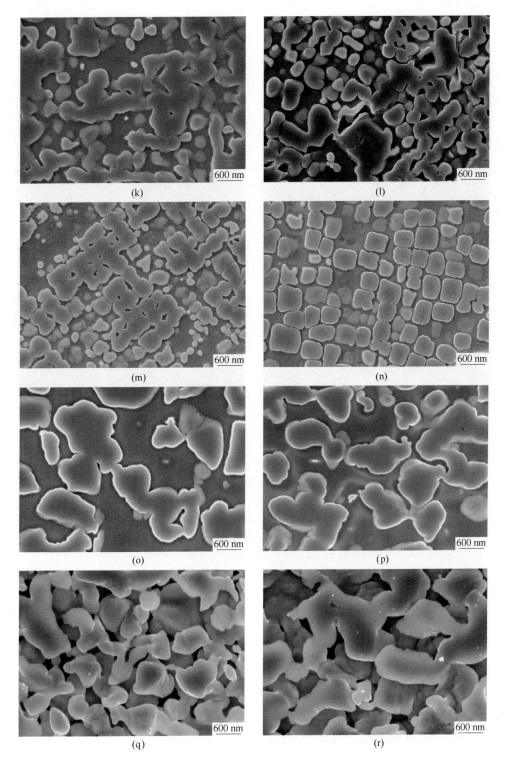

(k)

(l)

(m)

(n)

(o)

(p)

(q)

(r)

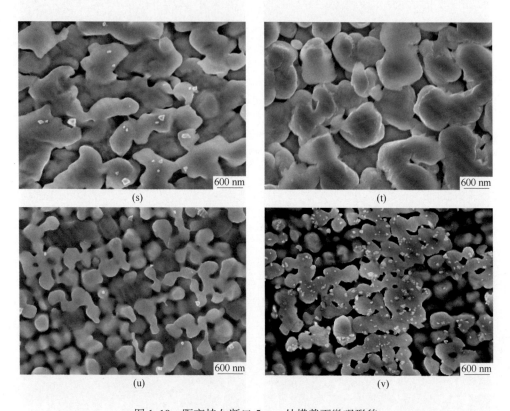

图 1.10　距离持久断口 5 mm 处横截面微观形貌

(a) 750 ℃/490 MPa/13240 h；(b) 750 ℃/550 MPa/4062 h；(c) 750 ℃/550 MPa/7275 h；

(d) 750 ℃/605 MPa/2094 h；(e) 750 ℃/650 MPa/1360 h；(f) 750 ℃/705 MPa/311.4 h；

(g) 750 ℃/720 MPa/273 h；(h) 750 ℃/780 MPa/55.5 h；(i) 850 ℃/235 MPa/8390 h；

(j) 850 ℃/280 MPa/6553 h；(k) 850 ℃/345 MPa/1562 h；(l) 850 ℃/390 MPa/583 h；

(m) 850 ℃/450 MPa/268 h；(n) 850 ℃/475 MPa/74 h；(o) 900 ℃/150 MPa/8332 h；

(p) 900 ℃/170 MPa/4268 h；(q) 900 ℃/170 MPa/3679 h；(r) 900 ℃/210 MPa/1839 h；

(s) 900 ℃/230 MPa/1432 h；(t) 900 ℃/270 MPa/629 h；

(u) 900 ℃/310 MPa/142 h；(v) 900 ℃/350 MPa/110 h

1.4.2.2　应力端纵截面组织

在 750 ℃低应力持久条件下，平行于应力方向的截面上 γ' 相两侧界面呈波浪状，部分距离较近的 γ' 相已经发生联结，基体中仍有少部分二次 γ' 相。在 850 ℃高应力持久条件下，合金中 γ' 相仍保持立方状，但低应力已经出现严重的 N 型筏力降低，立方的 γ' 相向成筏的 γ' 相转变呈现逐步变化的过程，基体通道宽度由最初的 90 nm 经过严重筏化后达到近 300 nm，见图 1.11。

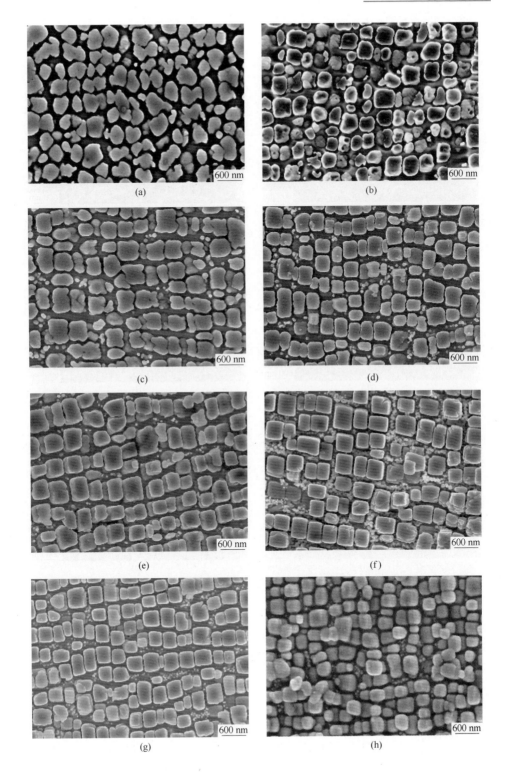

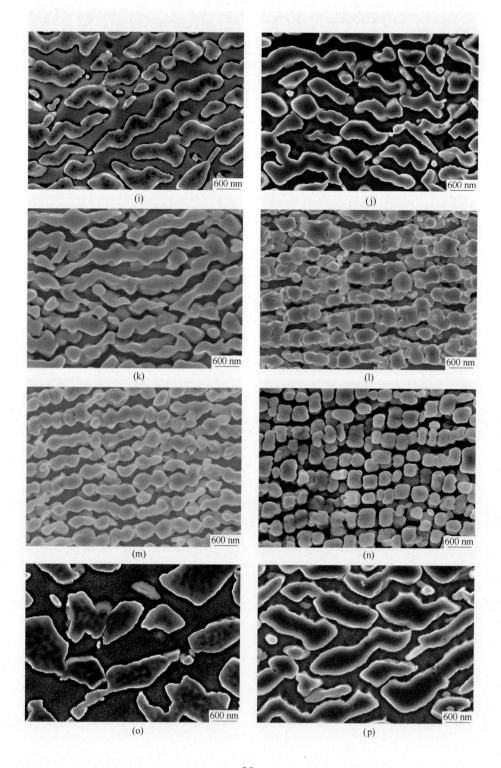

(i)

(j)

(k)

(l)

(m)

(n)

(o)

(p)

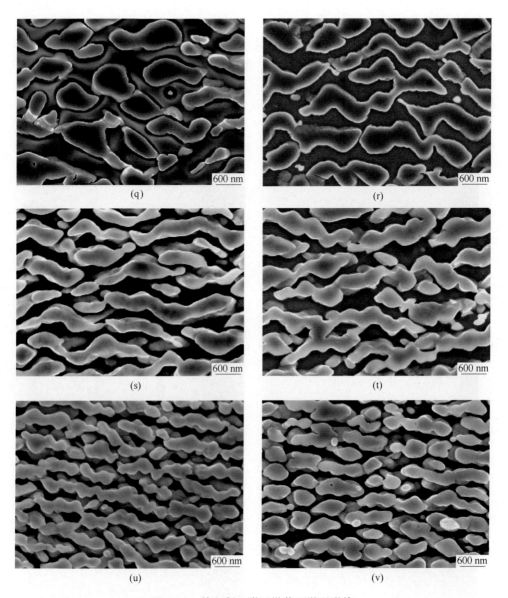

图 1.11　持久断口附近纵截面微观形貌

（a）750 ℃/490 MPa/13240 h；（b）750 ℃/550 MPa/4062 h；（c）750 ℃/550 MPa/7275 h；

（d）750 ℃/605 MPa/2094 h；（e）750 ℃/650 MPa/1360 h；（f）750 ℃/705 MPa/311.4 h；

（g）750 ℃/720 MPa/273 h；（h）750 ℃/780 MPa/55.5 h；（i）850 ℃/235 MPa/8390 h；

（j）850 ℃/280 MPa/6553 h；（k）850 ℃/345 MPa/1562 h；（l）850 ℃/390 MPa/583 h；

（m）850 ℃/450 MPa/268 h；（n）850 ℃/475 MPa/74 h；（o）900 ℃/150 MPa/8332 h；

（p）900 ℃/170 MPa/4268 h；（q）900 ℃/170 MPa/3679 h；（r）900 ℃/210 MPa/1839 h；

（s）900 ℃/230 MPa/1432 h；（t）900 ℃/270 MPa/629 h；（u）900 ℃/310 MPa/142 h；

（v）900 ℃/350 MPa/110 h

1.4.2.3 断口附近二次裂纹

断口附近纵截面上出现的裂纹呈现以下几种形式：（1）定向凝固合金的纵剖面晶界一般平行于应力方向，但存在部分位置晶界发生偏转，垂直于应力方向，因此易在此处晶界形成二次裂纹，见图 1.12（a）~（c）；（2）在断口 1 mm 处，存在近似平行于断口的二次裂纹，从表面向内部扩展，同时，长期受力条件

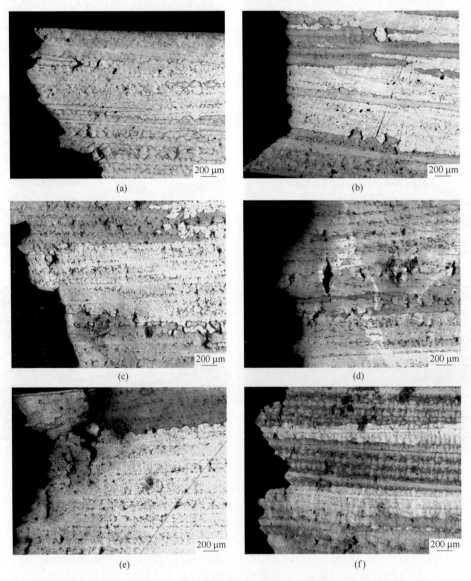

图 1.12　持久断口附近二次裂纹宏观形貌
（a）750 ℃/650 MPa/1360 h；（b）750 ℃/720 MPa/273 h；（c）850 ℃/345 MPa/1562 h；
（d）850 ℃/450 MPa/268 h；（e）900 ℃/230 MPa/1432 h；（f）900 ℃/270 MPa/629 h

下内部的析出相与基体结合性下降，产生裂纹并联结，形成穿晶的裂纹，见图 1.12（d）（e）；（3）柱状晶的二次枝晶臂的枝晶间也易造成裂纹的扩展，见图 1.12（f）。所有断口几乎观察不到平行于应力方向的沿晶裂纹。

　　断口下方的高倍组织显示，显微疏松与大块状共晶会萌生二次裂纹并向垂直于应力的方向扩展，并使裂纹尖端锐化，长度较短但开口大，有的基本呈孔洞形貌，见图 1.13（a）。晶界上的碳化物及晶界处的共晶已发生脱落增大沿晶裂纹的宽度，见图 1.13（b）。碳化物内部发生断裂，造成碳化物基体之间的裂纹萌生，见图 1.13（c），紧贴断口的沿晶裂纹向内扩展，氧化造成晶界被撑大并在长期高温下形成氧化物，见图 1.13（d）。

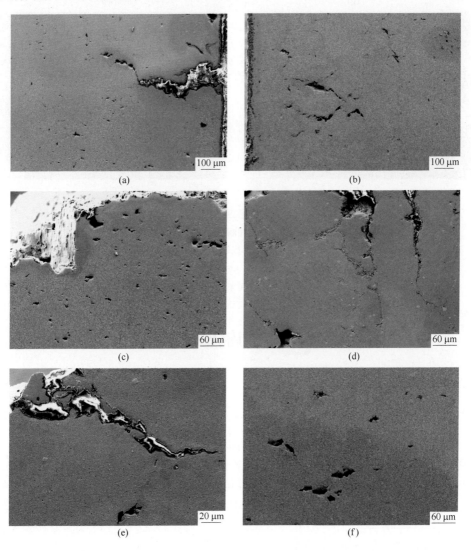

(a)　　　　　　　　　　　　　　(b)

(c)　　　　　　　　　　　　　　(d)

(e)　　　　　　　　　　　　　　(f)

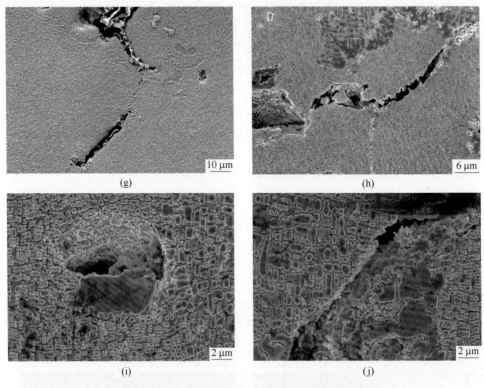

图 1.13　持久断口附近二次裂纹、组织微观形貌

（a）断口下方宏观二次裂纹；（b）析出相断裂联结裂纹；（c）断口下方析出相断裂；
（d）断口表面引入的沿晶裂纹；（e）二次裂纹尖端；（f）内部疏松及脱落的共晶；
（g）断口处晶界裂纹及周围析出相；（h）断口下方内部晶界裂纹及析出相；
（i）碳化物与基体间裂纹；（j）断口处共晶与基体间裂纹

1.5　高周疲劳特征

1.5.1　高周疲劳断口特征

1.5.1.1　室温，$R = 0.1$

（1）宏观特征：室温，$R = 0.1$[❶]时高周疲劳断口试样表面呈银白金属色，5 种应力试样的断口起伏较大，且有不同程度的斜刻面，其中低于 $\sigma_{max} = 560$ MPa/ 580 MPa 的 2 个断口斜刻面占断口总面积的 50% 左右，随着应力提高，斜刻面的 比例呈减少趋势，同时粗糙度增加，根据多刻面交汇及刻面上的棱线汇合特征可

---

❶　本书中，R 为应力比，σ_{max} 为最大应力，N_f 为失效循环数，R_ε 为应变比，ε_{max} 为最大应变。

判断疲劳起源在试样表面。在斜刻面尽头，均出现了较深的二次裂纹，主裂纹扩展方式也发生了转变，断口从此由平滑转向粗糙，见图 1.14。

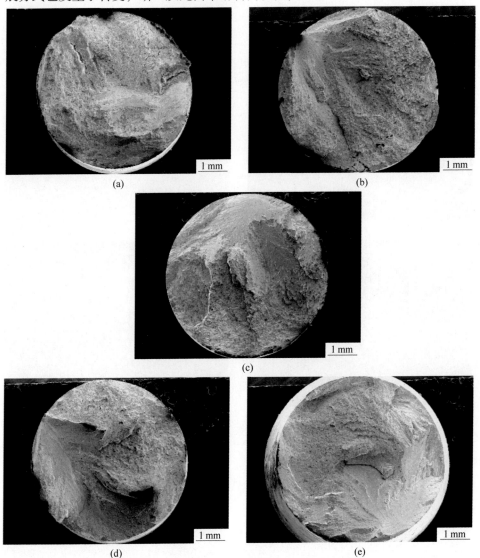

图 1.14 室温，$R=0.1$ 下高周疲劳断口宏观形貌

(a) $\sigma_{max}=660$ MPa，$N_f=927807$；(b) $\sigma_{max}=600$ MPa，$N_f=3469741$；(c) $\sigma_{max}=560$ MPa，$N_f=7081442$；

(d) $\sigma_{max}=700$ MPa，$N_f=694285$；(e) $\sigma_{max}=580$ MPa，$N_f=742229$

（2）微观断口形貌：室温，$R=0.1$，5 个应力下的疲劳断口均为单源，起源均在一次表面，并向对侧扩展造成断裂。源区光滑无冶金缺陷，断口裂纹扩展区呈现第一扩展区的斜面特征，不同角度斜刻面光滑平坦，呈河流状的类解理扩展棱线形貌；第二扩展区的疲劳台阶特征，占据断口的大部分面积，未见明显的疲劳条带，但存在沿晶界的二次裂纹。瞬断区形貌与拉伸断口形貌近似，呈现枝晶断裂与细小韧窝断裂形貌，见图 1.15。

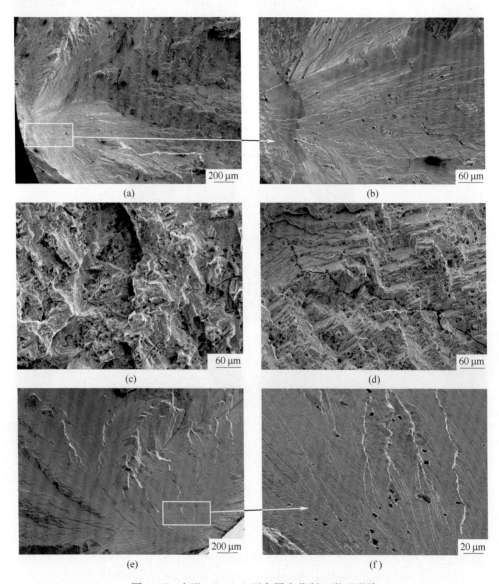

图 1.15 室温，$R=0.1$ 下高周疲劳断口微观形貌

（a）$\sigma_{max}=600$ MPa，$N_f=3469741$，断口源区低倍；（b）$\sigma_{max}=600$ MPa，$N_f=3469741$，断口斜刻面高倍；

（c）$\sigma_{max}=600$ MPa，$N_f=3469741$，断口枝晶形貌；（d）$\sigma_{max}=580$ MPa，$N_f=742229$，断口台阶状形貌；

（e）$\sigma_{max}=580$ MPa，$N_f=742229$，断口源区低倍；（f）$\sigma_{max}=580$ MPa，$N_f=742229$，断口斜刻面高倍

1.5.1.2 室温，$R=-1$

（1）宏观断口特征：室温，$R=-1$ 高周疲劳测试时，高周疲劳断口呈金属光泽，区别于室温，$R=0.1$ 条件下的断口，8 个断口整体起伏较低，斜刻面面积占断口比例相对较小，在高应力下（$\sigma_{max}=600$ MPa/650 MPa）斜刻面（疲劳扩展第一阶段）近乎消失，宏观观察到放射状棱线明显，断口较大面积为快速扩展区和瞬断特征，断面较为粗糙。一般均为单源开裂，而在 $\sigma_{max}=600$ MPa 呈现多源裂纹扩展，见图 1.16。

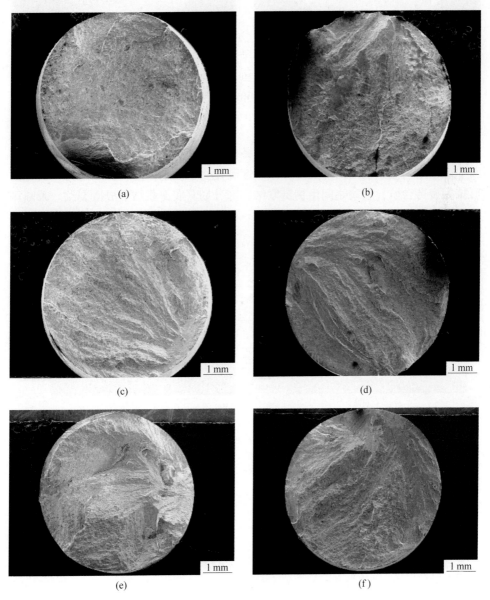

(a)

(b)

(c)

(d)

(e)

(f)

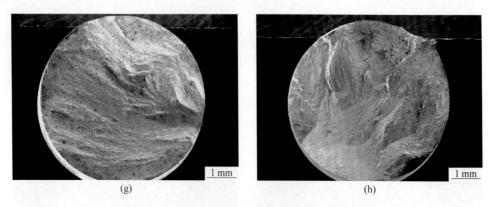

(g)　　　　　　　　　　　　　　　　(h)

图 1.16　室温，R=-1 下高周疲劳断口宏观形貌

（a）$\sigma_{max}=600$ MPa，$N_f=362929$；（b）$\sigma_{max}=650$ MPa，$N_f=208636$；（c）$\sigma_{max}=560$ MPa，$N_f=621214$；

（d）$\sigma_{max}=520$ MPa，$N_f=317070$；（e）$\sigma_{max}=480$ MPa，$N_f=684955$；（f）$\sigma_{max}=440$ MPa，$N_f=678202$；

（g）$\sigma_{max}=400$ MPa，$N_f=801220$；（h）$\sigma_{max}=360$ MPa，$N_f=1222924$

（2）微观断口特征：室温，$R=-1$ 条件下的疲劳断口呈现单源源头，且断口面平坦，呈河流条纹向内部延伸，平坦区碳化物多发生掉落；扩展区另一典型的形貌为疲劳台阶，台阶之间由韧窝联结，部分韧窝底部联结形成微裂纹。瞬断区呈现枝晶断裂+碳化物破裂+二次裂纹+不规则韧窝形貌，如图 1.17 所示。

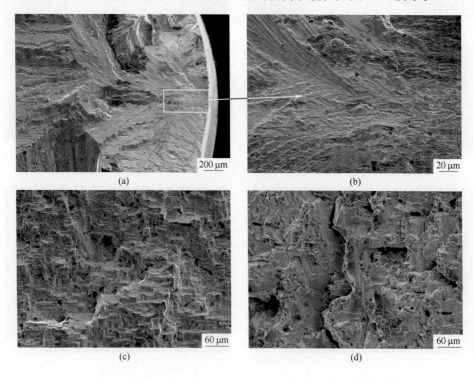

(a)　　　　　　　　　　　　　　　　(b)

(c)　　　　　　　　　　　　　　　　(d)

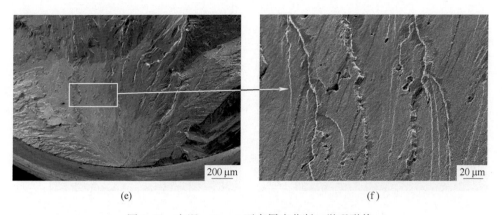

(e)　　　　　　　　　　　　　　　　(f)

图 1.17　室温，$R=-1$ 下高周疲劳断口微观形貌

（a）$\sigma_{max}=480$ MPa，$N_f=684955$，断口源区低倍；（b）$\sigma_{max}=480$ MPa，$N_f=684955$，断口源区高倍；

（c）$\sigma_{max}=480$ MPa，$N_f=684955$，疲劳条纹；（d）$\sigma_{max}=360$ MPa，$N_f=1222924$，断口二次裂纹；

（e）$\sigma_{max}=360$ MPa，$N_f=1222924$，断口源区低倍；（f）$\sigma_{max}=360$ MPa，$N_f=1222924$，断口源区高倍

整体断口主要由河流状裂纹扩展区+台阶状扩展区+瞬断区构成，其中扩展区占据 60%以上。

1.5.1.3　750 ℃，$R=0.1$

（1）宏观断口特征：在 750 ℃，$R=0.1$ 疲劳条件下测试的 4 个断口差异较大，断口均为单一裂纹源，但是扩展方式不同，其中 $\sigma_{max}=750$ MPa 与 $\sigma_{max}=790$ MPa 的疲劳断口表面存在多个角度斜刻面，且平面面积大，占 70%以上，而另外两个断口的斜刻面面积不足断口的 20%。$\sigma_{max}=840$ MPa 的疲劳断口源区在试样表面，其余均在内部，见图 1.18。

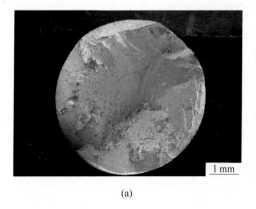 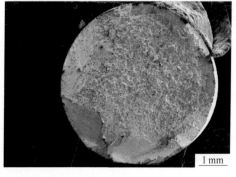

(a)　　　　　　　　　　　　　　　　(b)

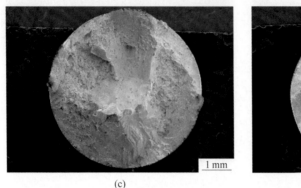

图 1.18　750 ℃，$R=0.1$ 下高周疲劳断口宏观形貌

（a）$\sigma_{max}=750$ MPa，$N_f=2879310$；（b）$\sigma_{max}=720$ MPa，$N_f=1365450$；

（c）$\sigma_{max}=790$ MPa，$N_f=343367$；（d）$\sigma_{max}=840$ MPa，$N_f=211283$

（2）微观断口特征：通过源区附近的高倍形貌观察，存在多个角度刻面，且前期光亮，后期粗糙，越靠近源区，断面越光滑，棱线也越不明显。从 $\sigma_{max}=720$ MPa 的刻面看，左右两刻面面积大，扩展充分，根据刻面棱线，推断疲劳断裂起源于靠近试样表面的一个刻面上，源区未见明显的冶金缺陷，并随后转为另一个角度的刻面扩展，而后期转向疲劳台阶形式随循环载荷变化扩展。而 $\sigma_{max}=750$ MPa 的断口起始于试样内部基体处，呈现单个点源特征，且高倍下确定源区为可见的显微疏松，疏松大小在 100 μm 左右，且以刻面形式向四个方向扩展，刻面范围大，在扩展后期形成瞬断区，瞬断区形貌在该温度下近似，表面残留破碎的块状碳化物及枝晶断裂形貌，未见明显的韧窝形貌，见图 1.19。

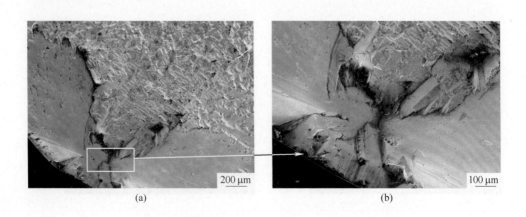

（a）　　　　　　　　　　　　　　　（b）

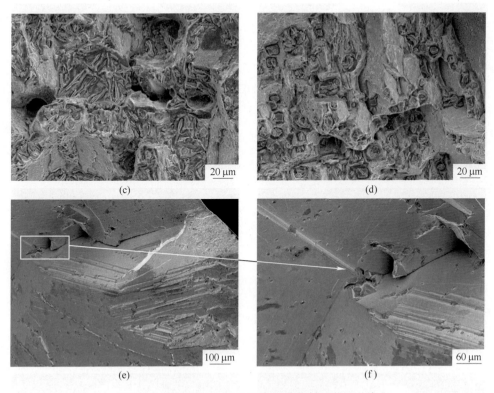

图 1.19 750 ℃，$R=0.1$ 下高周疲劳断口微观形貌

（a）$\sigma_{max}=720$ MPa，$N_f=1365450$，断口源区低倍；（b）$\sigma_{max}=720$ MPa，$N_f=1365450$，断口源区高倍；
（c）$\sigma_{max}=720$ MPa，$N_f=1365450$，断口枝晶开裂；（d）$\sigma_{max}=750$ MPa，$N_f=2879310$，断口块状碳化物；
（e）$\sigma_{max}=750$ MPa，$N_f=2879310$，断口源区高倍；（f）$\sigma_{max}=750$ MPa，$N_f=2879310$，断口台阶状形貌

1.5.1.4 750 ℃，$R=-1$

（1）宏观断口特征：在 750 ℃，$R=0.1$ 条件下的疲劳断口斜刻面变化趋势与室温下一致，应力幅越低，斜刻面面积越大，断面的起伏受刻面变化影响，刻面越大，起伏越大。从断口全貌看，断口中部粗糙且存在黑色颗粒覆盖，认为裂纹处于此扩展区间时在反复载荷下表面出现氧化。6 个断口均呈单一裂纹源，且均源于试样亚表面，疲劳裂纹源区、扩展区及瞬断区有明显的分界，即裂纹起源后先通过刻面扩展，再通过疲劳台阶扩展，最终造成瞬间断裂形成静拉伸载荷形貌，见图 1.20。

（2）微观断口特征：在高倍下观察 750 ℃，$R=-1$ 疲劳载荷下的裂纹源，裂纹源在某一刻面上形成或是由亚表面处较小的显微疏松造成。整体断裂特征没有明显差异，刻面不仅在裂纹源区出现，扩展区也存在小的刻面，瞬断区也存在剪

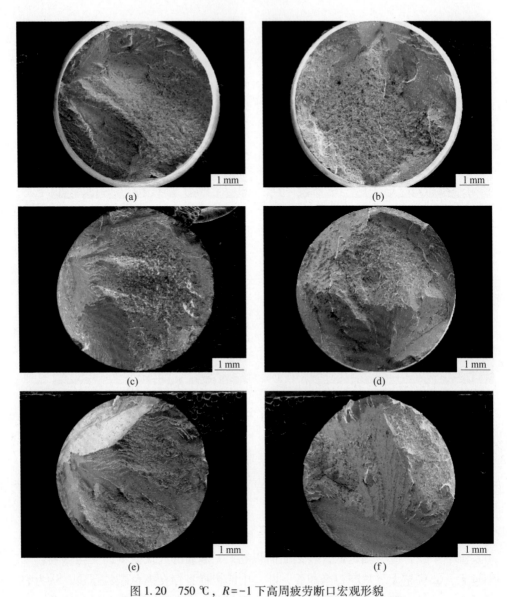

图 1.20　750 ℃，$R=-1$ 下高周疲劳断口宏观形貌

（a）$\sigma_{max}=600$ MPa，$N_f=129831$；（b）$\sigma_{max}=560$ MPa，$N_f=181031$；

（c）$\sigma_{max}=520$ MPa，$N_f=610797$；（d）$\sigma_{max}=480$ MPa，$N_f=1213877$；

（e）$\sigma_{max}=440$ MPa，$N_f=2044477$；（f）$\sigma_{max}=420$ MPa，$N_f=210637$

切唇的斜面，但两者斜面形貌与源区附近形貌不同，见图 1.21。

1.5.1.5　900 ℃，$R=-1$

（1）宏观断口特征：在 900 ℃下高周疲劳断口颜色暗沉，源区与瞬断区存在

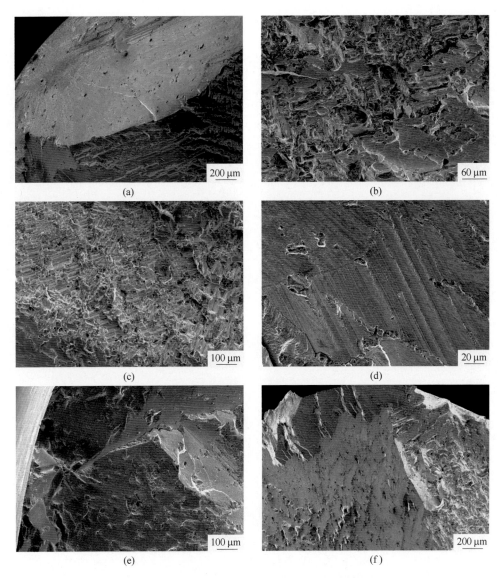

图 1.21 750 ℃，$R = -1$ 下高周疲劳断口微观形貌

（a） $\sigma_{max} = 440$ MPa，$N_f = 2044477$，断口源区高倍；（b） $\sigma_{max} = 440$ MPa，$N_f = 2044477$，裂纹扩展区小刻面；

（c） $\sigma_{max} = 440$ MPa，$N_f = 2044477$，断口台阶状形貌；（d） $\sigma_{max} = 600$ MPa，$N_f = 129831$，断口滑移条带；

（e） $\sigma_{max} = 600$ MPa，$N_f = 129831$，断口源区高倍；（f） $\sigma_{max} = 600$ MPa，$N_f = 129831$，瞬断斜面

颜色差异。除 $\sigma_{max} = 380$ MPa 外，其余断面的起伏度更小，斜刻面也不明显，整体为轴向垂直的断口，断口分为疲劳裂纹扩展区和瞬断区且有明显的分界，疲劳区相对平坦。断口起源均为单源，均靠一侧的亚表面或者内部，并有断口呈现一定的"鱼眼"特征，见图 1.22。

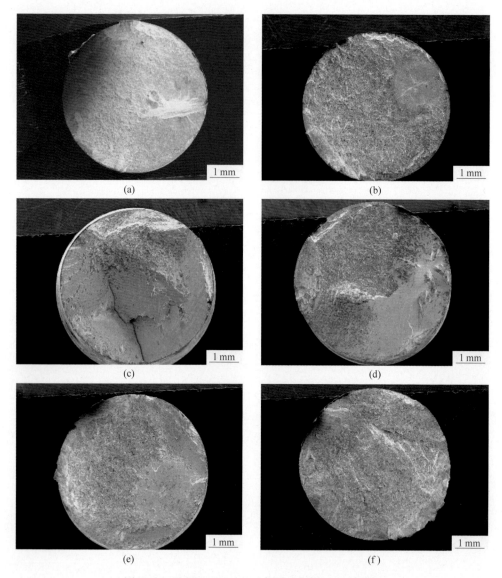

图 1.22　900 ℃，$R = -1$ 下高周疲劳断口宏观形貌

(a) $\sigma_{max} = 350$ MPa，$N_f = 1322965$；(b) $\sigma_{max} = 320$ MPa，$N_f = 4865875$；

(c) $\sigma_{max} = 380$ MPa，$N_f = 1272963$；(d) $\sigma_{max} = 310$ MPa，$N_f = 5417561$；

(e) $\sigma_{max} = 410$ MPa，$N_f = 425185$；(f) $\sigma_{max} = 440$ MPa，$N_f = 275220$

　　（2）微观断口特征：900 ℃，$R = -1$ 存在内部"鱼眼"状的疲劳裂纹起源，其余断口裂纹扩展及断裂形式与上文近似，疲劳从一侧的试样内部或亚表面起源，往另一侧扩展。对"鱼眼"状断口进行高倍观察，见图 1.23。源区为尺寸在 60 μm 左右的显微疏松，断口以源区为中心向四周扩展形成圆形的疲劳平坦区，平坦区疲劳扩展棱线呈发射状，但并不清晰，此区域相对其他断口更亮。在平坦区外的快速扩展区和瞬断区呈现沿枝晶析出第二相颗粒+撕裂的韧窝形貌，且存在细小的二次裂纹。

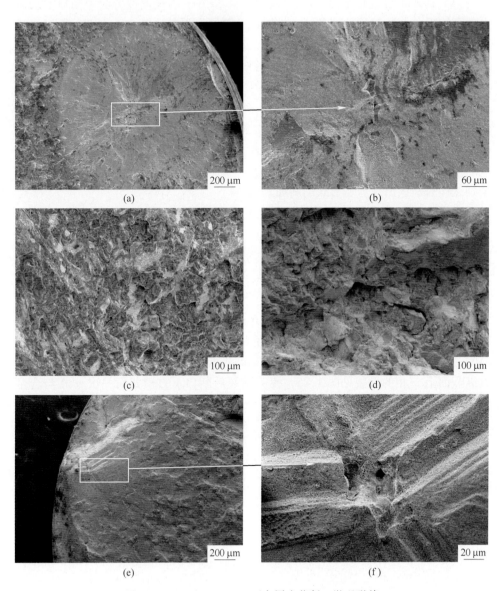

图 1.23　900 ℃，$R=-1$ 下高周疲劳断口微观形貌

（a）$\sigma_{max}=320$ MPa，$N_f=4865875$，断口低倍源区；（b）$\sigma_{max}=320$ MPa，$N_f=4865875$，断口高倍源区；

（c）$\sigma_{max}=320$ MPa，$N_f=4865875$，断口碳化物；（d）$\sigma_{max}=440$ MPa，$N_f=275220$，断口二次裂纹；

（e）$\sigma_{max}=440$ MPa，$N_f=275220$，断口低倍源区；（f）$\sigma_{max}=440$ MPa，$N_f=275220$，断口高倍源区

1.5.1.6 综合分析

综合室温、750 ℃、900 ℃在不同应力比的轴向高周疲劳断口可得出 DZ411 合金高周疲劳断口以下特征及规律：

（1）DZ411 合金在室温、750 ℃、900 ℃条件下的高周疲劳应力断口宏观未出现颈缩现象，断口均呈现源区、扩展区及瞬断区形貌。其中，大部分断口以扩展区以斜刻面和疲劳台阶状的特征出现，且斜刻面的比例受应力幅影响较大，在低应力下甚至出现整个断口大面积均为斜刻面的特征。斜刻面的光滑度随裂纹向内部扩展逐渐粗糙。

（2）DZ411 合金轴向高周疲劳断口多为单源，并随温度升高，源区由试样表面向亚表面、试样内部显微疏松处变化。疲劳扩展首先按多个角度的光滑平坦的类解理刻面扩展，并呈现类解理河流花样，随后转入疲劳台阶形式扩展；最后造成断面瞬断，瞬断区粗糙，微观存在枝晶+韧窝断裂+碳化物破碎的表面形貌；个别试样瞬断区出现剪切形式的斜面。

（3）室温下疲劳断口呈光亮金属色，随温度增加，断口逐渐转变为灰黑色，试样侧面出现绿色的氧化皮。

1.5.2 高周疲劳组织特征

1.5.2.1 应力端横截面

不同温度与应力比条件下断口下方 5 mm 处金相宏观形貌见图 1.24，枝晶形貌并未受温度应力的影响，枝晶干呈白色，枝晶间呈灰色且析出相一般存在于枝晶间，晶界及晶界上的碳化物完好，未见晶界增粗或碳化物退化的情况。断口下方纵截面上 γ' 相的形貌见图 1.25，疲劳断裂后断口下方横截面一次 γ' 相与合金热处理态下一次 γ' 相形貌相似，二次 γ' 相随温度增加逐渐减少，在 900 ℃下消失，整体组织稳定未发生明显退化。

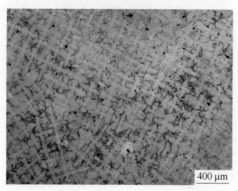
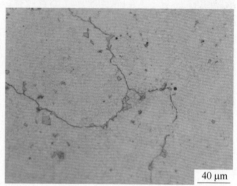

(a)

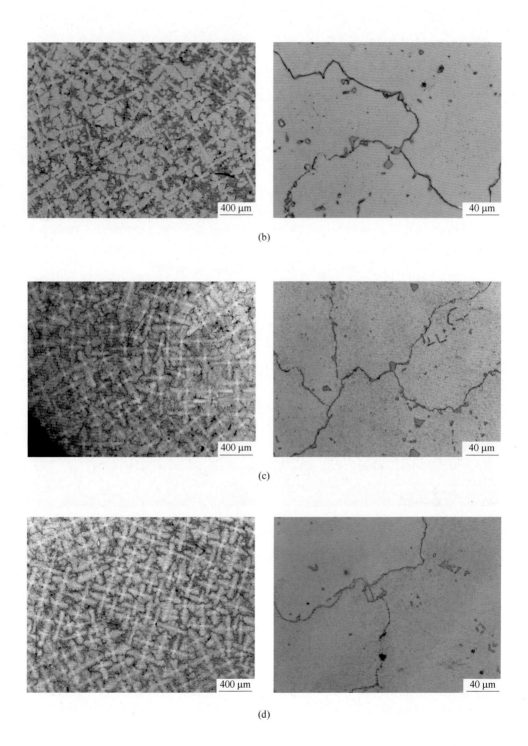

(b)

(c)

(d)

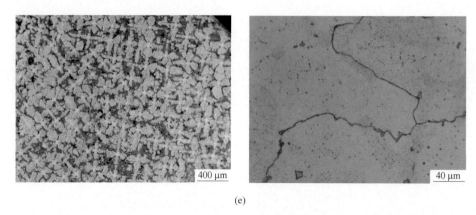

(e)

图 1.24 不同温度、应力比高周疲劳应力端横截面枝晶、晶界形貌

（a）室温，$R=0.1$，$\sigma_{max}=560$ MPa，$N_f=7081442$；（b）室温，$R=-1$，$\sigma_{max}=600$ MPa，$N_f=362929$；

（c）750 ℃，$R=0.1$，$\sigma_{max}=750$ MPa，$N_f=2879310$；（d）750 ℃，$R=-1$，$\sigma_{max}=520$ MPa，$N_f=610797$；

（e）900 ℃，$R=-1$，$\sigma_{max}=310$ MPa，$N_f=5417561$

(a)　　　　　　　　　　　　　　　　(b)

(c)　　　　　　　　　　　　　　　　(d)

图 1.25 不同温度、应力比高周疲劳应力端横截面 γ' 相形貌

（a）室温，$R=0.1$，$\sigma_{max}=560$ MPa，$N_f=7081442$；（b）室温，$R=0.1$，$\sigma_{max}=700$ MPa，$N_f=694285$；

（c）室温，$R=-1$，$\sigma_{max}=600$ MPa，$N_f=362929$；（d）室温，$R=-1$，$\sigma_{max}=400$ MPa，$N_f=801220$；

（e）750 ℃，$R=0.1$，$\sigma_{max}=750$ MPa，$N_f=2879310$；（f）750 ℃，$R=0.1$，$\sigma_{max}=720$ MPa，$N_f=1365450$；

（g）750 ℃，$R=-1$，$\sigma_{max}=520$ MPa，$N_f=610797$；（h）750 ℃，$R=-1$，$\sigma_{max}=420$ MPa，$N_f=210637$；

（i）900 ℃，$R=-1$，$\sigma_{max}=310$ MPa，$N_f=5417561$；（j）900 ℃，$R=-1$，$\sigma_{max}=440$ MPa，$N_f=275220$

1.5.2.2 应力端纵截面

在高周疲劳条件下，断口下方纵截面上的共晶，碳化物未有形貌改变，保持良好的组织形态，其与基体的结合处也未发现裂纹萌生。一次 γ′ 相在疲劳条件下保持较好的立方状形貌，室温下二次 γ′ 相分布于基体中，随温度增加发生回溶，在 750 ℃ 数量明显减少，在 900 ℃ 下基体中观察不到二次 γ′ 相，如图 1.26 所示。

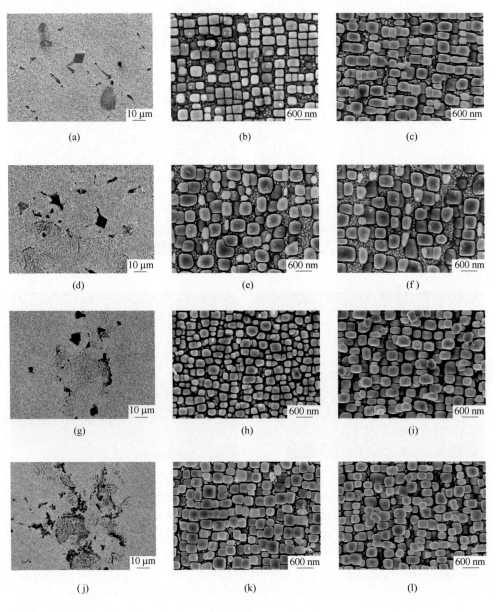

(a)　　　　　　　　　　(b)　　　　　　　　　　(c)

(d)　　　　　　　　　　(e)　　　　　　　　　　(f)

(g)　　　　　　　　　　(h)　　　　　　　　　　(i)

(j)　　　　　　　　　　(k)　　　　　　　　　　(l)

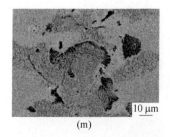 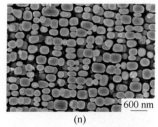 

(m)　　　　　　　　　　(n)　　　　　　　　　　(o)

图 1.26　不同温度、应力比高周疲劳应力端纵截面组织形貌

（a）（b）室温，$R=0.1$，$\sigma_{max}=560$ MPa，$N_f=7081442$；（c）室温，$R=0.1$，$\sigma_{max}=700$ MPa，$N_f=694285$；

（d）（e）室温，$R=-1$，$\sigma_{max}=600$ MPa，$N_f=362929$；（f）室温，$R=-1$，$\sigma_{max}=400$ MPa，$N_f=801220$；

（g）（h）750 ℃，$R=0.1$，$\sigma_{max}=750$ MPa，$N_f=2879310$；（i）750 ℃，$R=0.1$，$\sigma_{max}=720$ MPa，$N_f=1365450$；

（j）（k）750 ℃，$R=-1$，$\sigma_{max}=520$ MPa，$N_f=610797$；（l）750 ℃，$R=-1$，$\sigma_{max}=420$ MPa，$N_f=210637$；

（m）（n）900 ℃，$R=-1$，$\sigma_{max}=310$ MPa，$N_f=5417561$；（o）900 ℃，$R=-1$，$\sigma_{max}=440$ MPa，$N_f=275220$

1.5.2.3　断口附近裂纹及组织

室温下，$R=0.1$ 高周疲劳二次裂纹在全程拉应力条件下出现三种二次裂纹扩展形式：（1）由断口引入的沿晶二次裂纹；（2）由断口下方析出相引发二次裂纹萌生并相互联结的穿晶裂纹；（3）在距离断口 1 mm 左右由试样表面向内部扩展，并主要沿枝晶间析出相扩展的二次裂纹，见图 1.27（a）。室温下，$R=-1$ 的拉-压循环载荷下，裂纹呈阶梯状向内部扩展，在遇到析出相时裂纹走向会发生变化，一般由断口，试样表面或内部析出相处开始萌生，见图 1.27（b）。在750 ℃，$R=0.1$ 条件下，断口下方未见明显的二次裂纹萌生，而在 $R=-1$ 的拉-压载荷下，易形成直线裂纹，该取向与引入该裂纹的断裂面取向一致，说明疲劳裂纹传播有择优取向，同时观察到枝晶间的裂纹，见图 1.27（c）（d）。900 ℃，$R=-1$ 循环载荷条件下，唯有断口处有晶界碳化物时，二次裂纹才有所萌生，通常情况下未见疲劳二次裂纹进入内部，见图 1.27（e）。

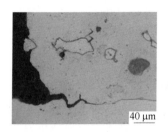 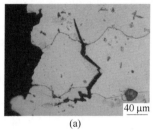 

(a)

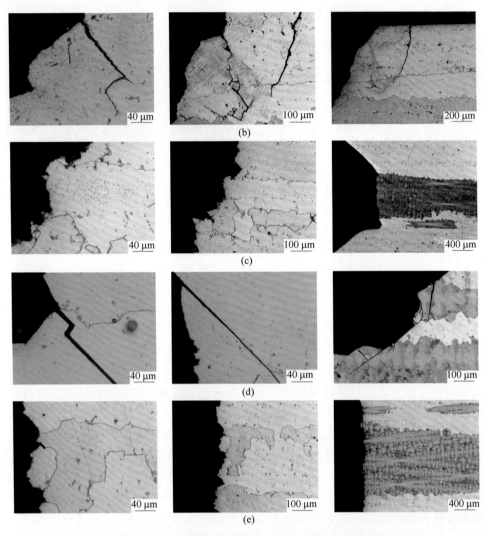

图 1.27　不同条件下断口附近典型二次裂纹形貌

(a) 室温，$R=0.1$，$\sigma_{max}=660$ MPa，$N_f=927807$，典型二次裂纹形貌；

(b) 室温，$R=-1$，$\sigma_{max}=440$ MPa，$N_f=678202$，二次裂纹形貌；

(c) 750 ℃，$R=0.1$，$\sigma_{max}=790$ MPa，$N_f=343367$，二次裂纹形貌；

(d) 750 ℃，$R=-1$，$\sigma_{max}=600$ MPa，$N_f=129831$，二次裂纹形貌；

(e) 900 ℃，$R=-1$，$\sigma_{max}=320$ MPa，$N_f=4865875$，二次裂纹形貌

　　断口下方二次裂纹及组织的变化见图 1.28。由试样表面进入内部的二次裂纹超过数百微米，且随着载荷时间延长根部增粗，尖端存在非连续的由附近析出相断裂形成的新的裂纹，见图 1.28（a）。由断口延伸进入内部的二次裂纹沿晶界扩展，并造成晶界上碳化物破碎，见图 1.28（b）。择优取向的裂纹沿剪切方向

呈45°延伸入试样内部，并未由于遇到共晶、碳化物等发生偏转，见图 1.28（a）。紧贴断口下方的碳化物发生断裂，并与基体结合性变差，形成细小的 微裂纹，断口处的立方状 γ′ 相存在被剪切现象，若有二次裂纹沿晶向内扩展，断 口主裂纹与二次裂纹之间的 γ′ 相形貌发生变化，见图 1.28（d）~（f）。

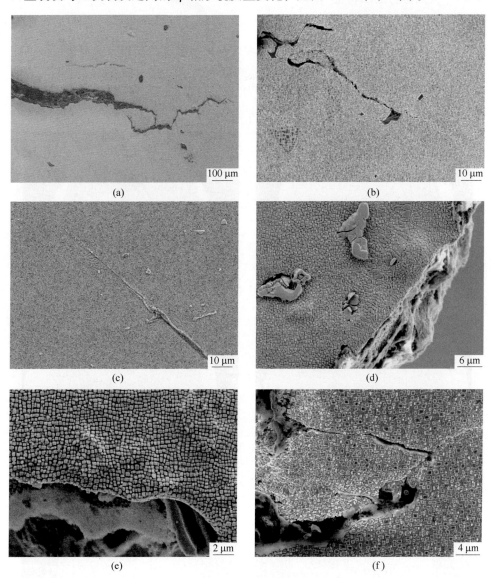

图 1.28　断口附近典型组织形貌

（a）室温，$R=0.1$，$\sigma_{max}=660$ MPa，穿晶二次裂纹；（b）室温，$R=-1$，$\sigma_{max}=360$ MPa，沿晶二次裂纹；

（c）900 ℃，$R=-1$，$\sigma_{max}=350$ MPa，择优取向的裂纹；（d）900 ℃，$R=-1$，$\sigma_{max}=350$ MPa，破碎的碳化物；

（e）750 ℃，$R=0.1$，$\sigma_{max}=840$ MPa，被剪切的 γ′ 相；（f）室温，$R=-1$，$\sigma_{max}=360$ MPa，沿晶裂纹附近的 γ′ 相

1.6 低周疲劳特征

1.6.1 低周疲劳断口特征

1.6.1.1 宏观特征

室温下低周疲劳断口呈金属光泽，在 750 ℃疲劳下的断口呈蓝绿色，低周疲劳断口源区、疲劳扩展区和瞬断区同样呈现不同颜色，尤其在高温下，断口有明显的蓝色、灰绿色的边界，瞬断区部分为暗金黄色。室温下沿晶的二次裂纹较清晰，疲劳起源于试样一侧，并随应力幅增大瞬断区面积变大，见图 1.29。

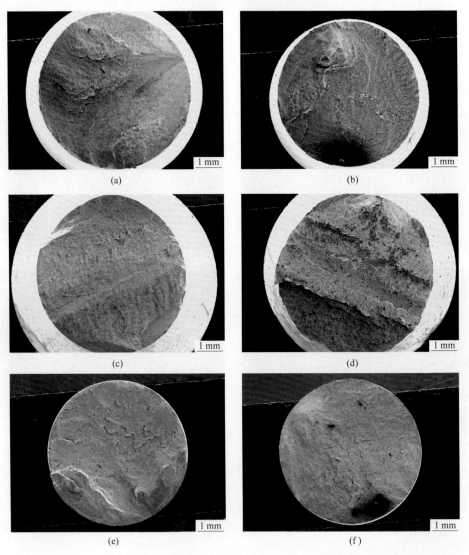

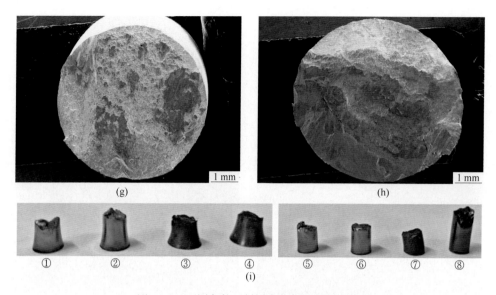

图 1.29　不同条件下低周疲劳断口宏观形貌

（a）室温，$R_\varepsilon = 0.1$，$\varepsilon_{max} = 0.896\%$，$N_f = 12161$；（b）室温，$R_\varepsilon = 0.1$，$\varepsilon_{max} = 1.782\%$，$N_f = 1214$；

（c）750 ℃，$R_\varepsilon = 0.1$，$\varepsilon_{max} = 0.847\%$，$N_f = 90358$；（d）750 ℃，$R_\varepsilon = 0.1$，$\varepsilon_{max} = 1.782\%$，$N_f = 1331$；

（e）室温，$R_\varepsilon = -1$，$\varepsilon_{max} = 0.680\%$，$N_f = 10229$；（f）室温，$R_\varepsilon = -1$，$\varepsilon_{max} = 1.000\%$，$N_f = 594$；

（g）750 ℃，$R_\varepsilon = -1$，$\varepsilon_{max} = 0.500\%$，$N_f = 97410$；（h）750 ℃，$R_\varepsilon = -1$，$\varepsilon_{max} = 1.000\%$，$N_f = 333$；

（i）断口侧面，①～⑧分别对应（a）～（h）

1.6.1.2　微观特征

A　室温，$R_\varepsilon = -1$ 及 $R_\varepsilon = 0.1$

室温下低周疲劳断口疲劳裂纹源均为单源特征，断裂由表面的疏松冶金缺陷或斜刻面起源，源区面积比高周疲劳裂纹源面积小，进入疲劳裂纹扩展区，以台阶状的形式扩展，且台阶之间有碳化物出现，对该区域的高倍观察发现，室温下 $R_\varepsilon = -1$ 及 $R_\varepsilon = 0.1$ 条件下表面碳化物均发生了断裂，未观察到明显的疲劳条带特征，瞬断区断裂形式与拉伸断裂近似，见图 1.30。

B　750 ℃，$R_\varepsilon = -1$ 及 $R_\varepsilon = 0.1$

在 750 ℃下低周疲劳断口呈单源断裂，起源于亚表面的冶金缺陷，并以小面积的斜刻面形式扩展；进入裂纹扩展阶段，裂纹扩展区出现隐蔽的二次裂纹，该区域形貌与室温条件下断口近似，均为疲劳台阶状扩展；在裂纹瞬断区，呈现枝晶间析出相+不规则的韧窝为主的断裂形貌。在高倍 SEM 条件下，可观察到细密的网状 γ+γ′相疲劳特征，瞬断区表面的碳化物较室温条件下的少，以撕裂的韧窝为主，见图 1.31。

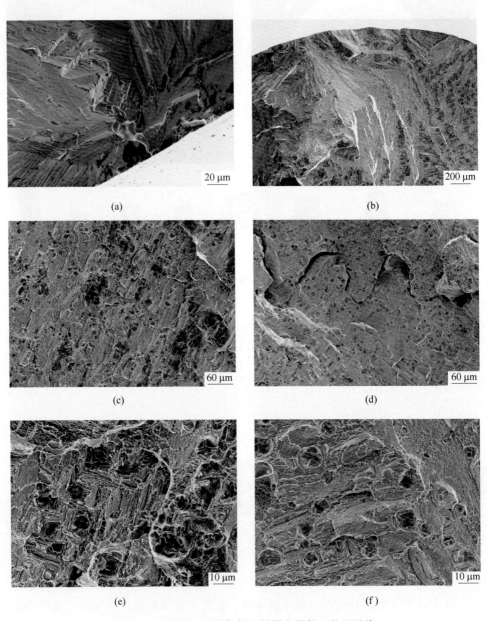

图 1.30 室温, 不同条件下低周疲劳断口微观形貌

(a) (c) (e) 室温, $R_\varepsilon = 0.1$, $\varepsilon_{max} = 1.782\%$, $N_f = 1214$;

(b) 室温, $R_\varepsilon = -1$, $\varepsilon_{max} = 0.680\%$, $N_f = 10229$;

(d) 室温, $R_\varepsilon = -1$, $\varepsilon_{max} = 1.782\%$, $N_f = 1214$;

(f) 室温, $R_\varepsilon = -1$, $\varepsilon_{max} = 0.860\%$, $N_f = 10229$

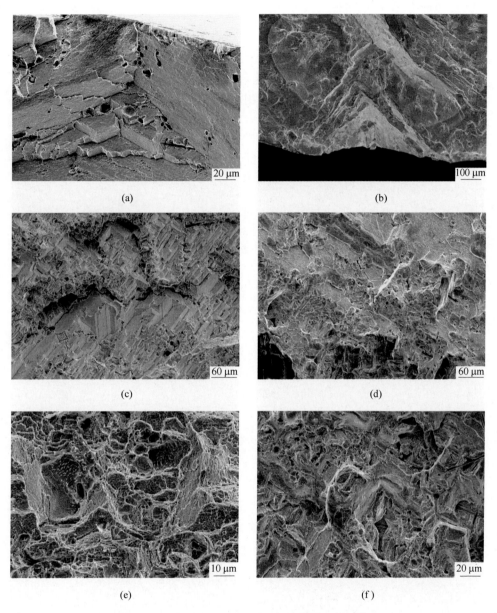

图 1.31　750 ℃，不同条件下低周疲劳断口微观形貌

（a）750 ℃，$R_\varepsilon = 0.1$，$\varepsilon_{max} = 1.782\%$，$N_f = 1331$；

（b）（d）（f）750 ℃，$R_\varepsilon = -1$，$\varepsilon_{max} = 0.500\%$，$N_f = 97410$；

（c）750 ℃，$R_\varepsilon = 0.1$，$\varepsilon_{max} = 0.847\%$，$N_f = 90358$；

（e）750 ℃，$R_\varepsilon = 0.1$，$\varepsilon_{max} = 0.847\%$，$N_f = 90358$

1.6.2 低周疲劳组织特征

1.6.2.1 应力端纵截面

DZ411 合金低周疲劳对 γ' 相形貌没有造成较大的影响,一次 γ' 相呈立方状分布,二次球形 γ' 相分布于基体中,在室温及高温下没有明显的退化现象;但在 750 ℃ 低周疲劳条件下,断口附近的 γ' 相被剪切带切割,留下了沿 <111> 方向的剪切条带,见图 1.32。

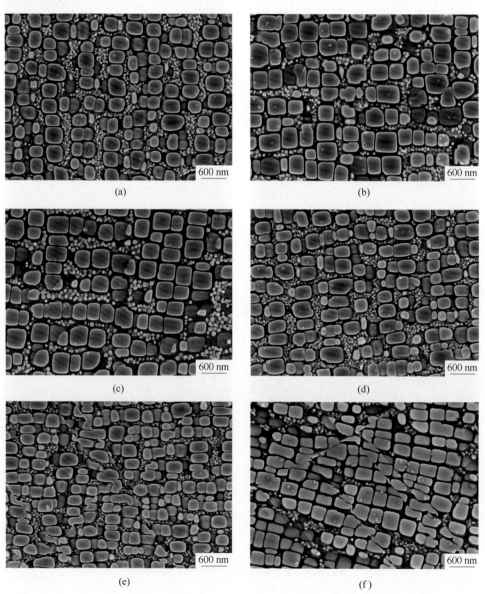

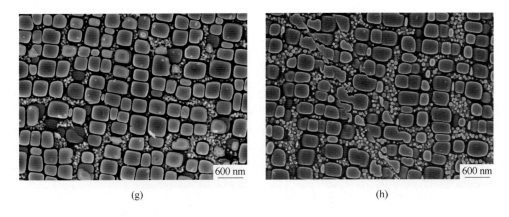

(g)   (h)

图 1.32   不同条件下低周疲劳断口下方纵截面微观形貌

（a）室温，$R_\varepsilon = 0.1$，$\varepsilon_{max} = 0.896\%$，$N_f = 12161$；（b）室温，$R_\varepsilon = 0.1$，$\varepsilon_{max} = 1.782\%$，$N_f = 1214$；

（c）室温，$R_\varepsilon = -1$，$\varepsilon_{max} = 0.680\%$，$N_f = 10229$；（d）室温，$R_\varepsilon = -1$，$\varepsilon_{max} = 1.000\%$，$N_f = 594$；

（e）750 ℃，$R_\varepsilon = 0.1$，$\varepsilon_{max} = 0.847\%$，$N_f = 90358$；（f）750 ℃，$R_\varepsilon = 0.1$，$\varepsilon_{max} = 1.782\%$，$N_f = 1331$；

（g）750 ℃，$R_\varepsilon = -1$，$\varepsilon_{max} = 0.500\%$，$N_f = 97410$；（h）750 ℃，$R_\varepsilon = -1$，$\varepsilon_{max} = 1.000\%$，$N_f = 333$

1.6.2.2　室温低周疲劳断口二次裂纹

室温下断口下方二次裂纹见图 1.33，$R_\varepsilon = -1$ 条件下二次裂纹由断口沿着晶界延伸到内部长度在 80 μm 左右，未见明显的穿晶裂纹，断口下方碳化物整体发生断裂，而基体与碳化物的界面未出现裂纹，与拉伸断口碳化物裂纹近似。在 $R_\varepsilon = 0.1$ 低周条件下，沿晶的二次开口不大，但延伸长度较长，裂纹周围碳化物未出现断裂，而在晶内碳化物则出现了明显的裂纹。

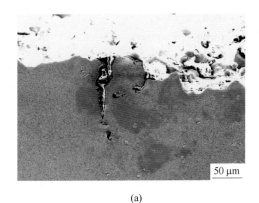
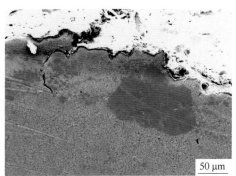

(a)   (b)

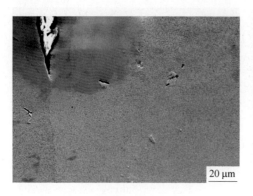

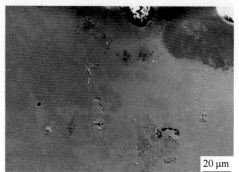

(c)　　　　　　　　　　　　　　　　(d)

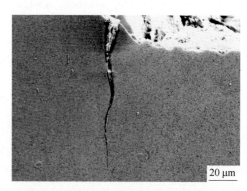

(e)　　　　　　　　　　　　　　　　(f)

图 1.33　室温，低周疲劳断口二次裂纹形貌

(a) (c) 室温，$R_\varepsilon = -1$，$\varepsilon_{max} = 0.680\%$，$N_f = 10229$；

(b) 室温，$R_\varepsilon = -1$，$\varepsilon_{max} = 1.000\%$，$N_f = 594$；

(d) (f) 室温，$R_\varepsilon = 0.1$，$\varepsilon_{max} = 1.782\%$，$N_f = 1214$；

(e) 室温，$R_\varepsilon = 0.1$，$\varepsilon_{max} = 0.896\%$，$N_f = 12161$

1.6.2.3　750 ℃低周疲劳断口二次裂纹

高温下 $R_\varepsilon = 0.1$ 低周疲劳试样的二次裂纹更加尖锐，裂纹根部并未造成晶界撑开的情况下，沿晶界向内部延伸更长，同时周围碳化物上的裂纹明显减少或消失，而在 $R_\varepsilon = -1$ 条件下，几乎观察不到沿晶的向内延伸的二次裂纹，断口下方仅呈现出碳化物的断裂以及部分冶金疏松，见图 1.34。

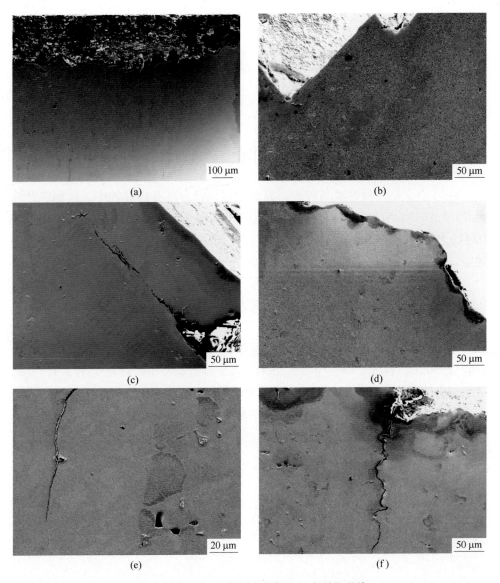

图 1.34 750 ℃，低周疲劳断口二次裂纹形貌

(a) 750 ℃，$R_\varepsilon = -1$，$\varepsilon_{max} = 0.500\%$，$N_f = 97410$；

(b) ~ (d) 750 ℃，$R_\varepsilon = -1$，$\varepsilon_{max} = 1.000\%$，$N_f = 333$；

(e) (f) 750 ℃，$R_\varepsilon = 0.1$，$\varepsilon_{max} = 0.847\%$，$N_f = 90358$

K411合金断口及组织特征

2.1 概　述

　　K411 合金是一种等轴晶铸造高温合金，该合金具有良好的中、高温综合性能及优异的热疲劳性能，合金成分与 DZ411 高温合金相近，C、Mo 元素含量较 DZ411 合金降低，Ta、W 含量提高。该合金有良好的铸造性能，可铸成形状复杂的空心叶片，适合用于制备重型燃气轮机透平叶片等部件。

2.2 显微组织特征

　　本书中 K411 合金试样的热处理制度为：固溶（1120 ℃，保温 2 h，空冷）+ 时效（850 ℃，保温 24 h，空冷）。K411 合金铸态金相组织特征见图 2.1，其显微组织为等轴的树枝晶组织形貌，晶粒大小在毫米级，局部存在显微疏松。其铸态下的 K411 合金显微组织由 γ、γ′、花瓣状共晶及点块状碳化物构成，铸态下 γ′相形状不规则。热处理后 γ′相与共晶形貌改变，基体通道出现二次 γ′相，如图 2.1 所示。

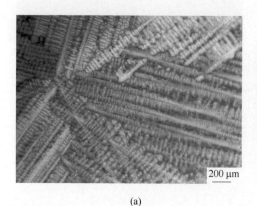

(a)　　　　　　　　　　　　　　　　　　(b)

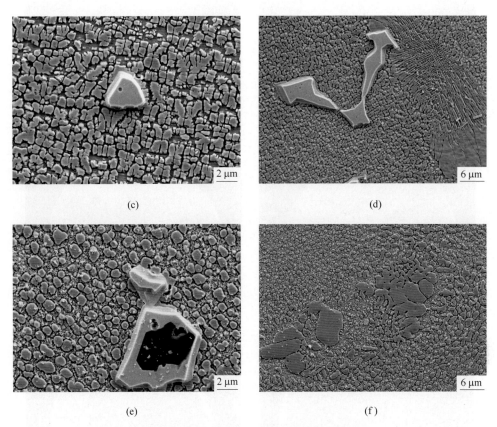

图 2.1　K411 合金铸态及热处理态组织特征

（a）晶粒组织；（b）局部显微疏松；（c）铸态 γ′ 与碳化物形貌；（d）铸态共晶形貌；
（e）热处理态 γ′ 与碳化物形貌；（f）热处理态共晶形貌

2.3　拉伸特征

2.3.1　拉伸断口特征

（1）宏观断口特征：K411 合金在不同拉伸试验温度（室温至 950 ℃）的光滑拉伸断口无明显的分区特征，整体呈现锯齿状的凹凸起伏。除 700 ℃下的断口呈斜平面特征，其他温度下的断口均粗糙不平，断口整体呈现枝晶断裂轮廓及沿晶断裂，依然可见断口表面的二次沿晶裂纹。断口无颈缩现象，随温度升高，试样表面由金属光泽变为黄色（400~500 ℃）、蓝色（600 ℃），直至高温下呈暗沉黑绿色，见图 2.2。

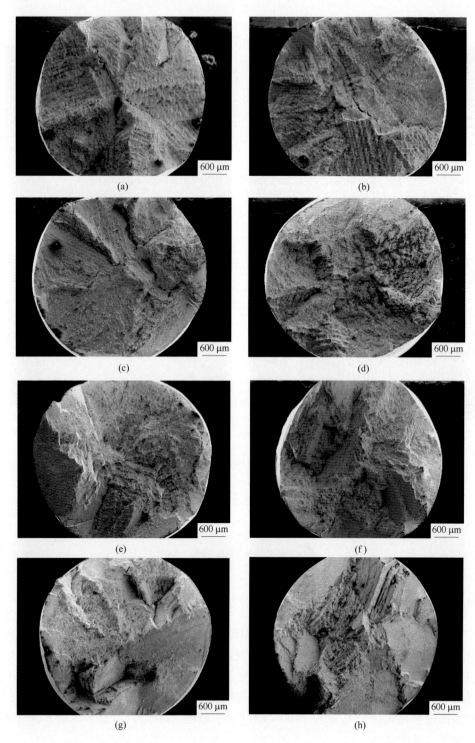

(a)

(b)

(c)

(d)

(e)

(f)

(g)

(h)

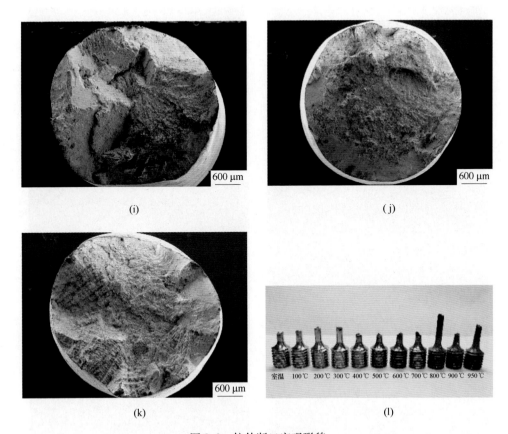

图 2.2　拉伸断口宏观形貌

（a）室温；（b）100 ℃；（c）200 ℃；（d）300 ℃；（e）400 ℃；（f）500 ℃；（g）600 ℃；
（h）700 ℃；（i）800 ℃；（j）900 ℃；（k）950 ℃；（l）断口侧视图

（2）微观断口形貌：将室温至 950 ℃拉伸后的试样断口分为低温区（室温至 400 ℃）、中温区（500～700 ℃）、高温区（800～950 ℃）三个区间。在低温区，断口表面以枝晶断裂形貌为主，在相邻的锯齿状显微形貌处存在二次微裂纹，说明是沿晶裂纹；在非枝晶断裂形貌区高倍区为拉伸断口的剪切唇，其面积较小，表面分布大量韧窝，并可见细密网格状的 $\gamma+\gamma'$ 形貌，见图 2.3（a）。中温区观察到脆性断裂为主的特征，呈现斜面或台阶状特征，面积在此温度区间内占据断口的 50%以上，说明合金存在中温脆性断裂，在韧窝断裂区还存在小刻面分布于韧窝中，同时网格状的 $\gamma+\gamma'$ 形貌依然存在，见图 2.3（b）。而在高温区，脆性断裂典型特征的斜刻面消失，仅在断口边缘存在小的剪切唇，二次裂纹依然存在，但表面上存在大量撕裂状韧窝，且存在氧化颗粒沉积以及枝晶间大量断裂的碳化物，重新转变为以韧性断裂为主特征，见图 2.3（c）。

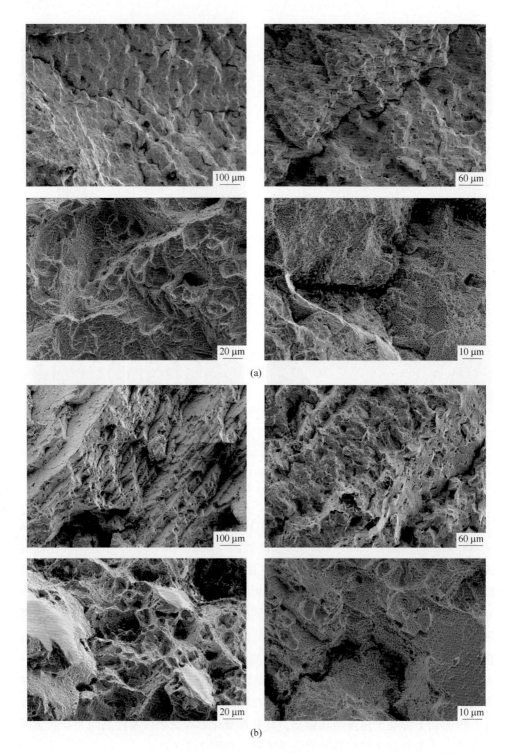

(a)

(b)

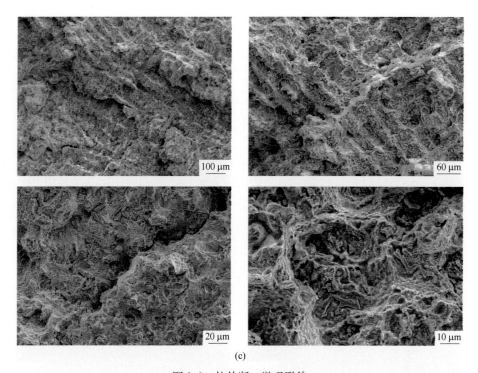

(c)

图 2.3 拉伸断口微观形貌

（a）低温区（室温至 400 ℃）微观形貌；（b）中温区（500~700 ℃）微观形貌；

（c）高温区（800~950 ℃）微观形貌

2.3.2 拉伸组织特征

2.3.2.1 应力端横截面组织

三个温度区间的典型枝晶形貌见图 2.4，一次枝晶及二次枝晶形貌没有明显变化，枝晶干呈白色，枝晶间呈灰色，其中枝晶间的块状白色颗粒为共晶，细小的黑色颗粒为碳化物。

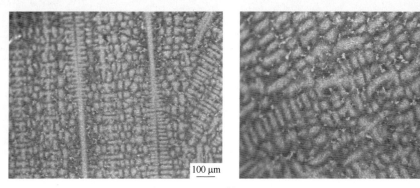

(a)

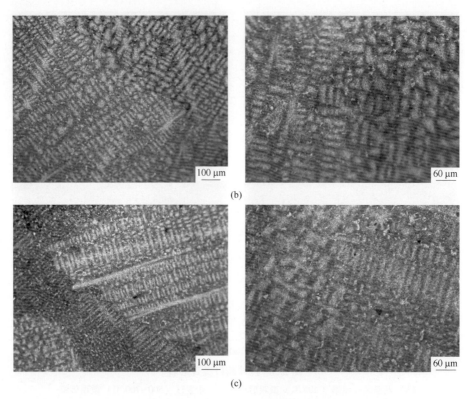

图 2.4　断口下方 8 mm 横截面枝晶形貌

（a）200 ℃ 应力端枝晶；（b）700 ℃ 应力端枝晶；（c）950 ℃ 应力端枝晶

断口下方 8 mm 处横截面的 γ′ 相形貌在不同温度拉伸条件下与热处理态相近，一次 γ′ 相呈不规则形状，二次 γ′ 相呈球状布满基体通道内，枝晶干与枝晶间 γ′ 相形貌差异较大，枝晶干以二次 γ′ 相为主，整体呈白色，枝晶间由于元素偏析一次 γ′ 相更大，通道内白色的二次 γ′ 相减少，因此整体看来枝晶间呈黑色，见图 2.5。

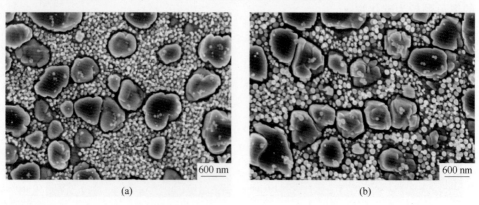

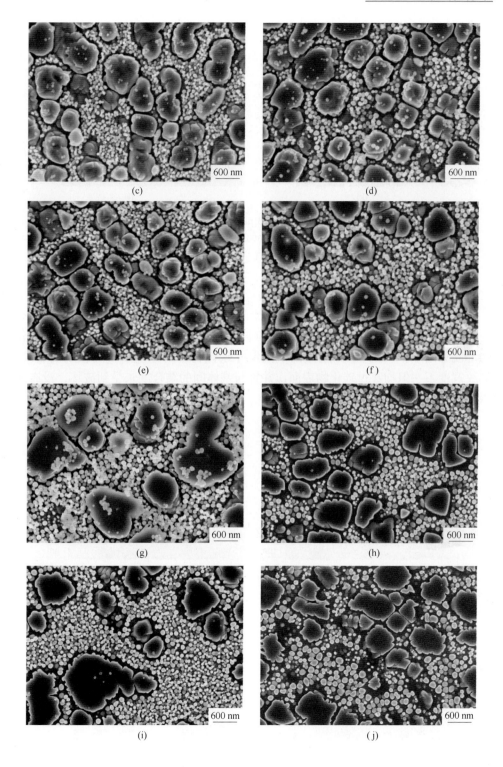

(c)

(d)

(e)

(f)

(g)

(h)

(i)

(j)

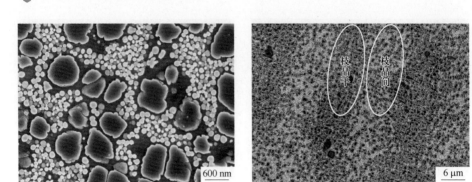

(k)　　　　　　　　　　　　　　　　　(l)

图 2.5　断口下方 8 mm 横截面 γ′相形貌

（a）室温；（b）100 ℃；（c）200 ℃；（d）300 ℃；（e）400 ℃；（f）500 ℃；（g）600 ℃；
（h）700 ℃；（i）800 ℃；（j）900 ℃；（k）950 ℃；（l）枝晶干与枝晶间

2.3.2.2　应力端纵截面组织

断口下方 γ′相形貌见图 2.6，枝晶干 γ′相尺寸普遍在 1 μm 左右，二次 γ′相充满基体通道，在 100 nm 左右，短时拉伸变形没有造成 γ′相的退化；对于碳化物形貌见图 2.7，断口下方纵截面不同尺寸碳化物上均产生了不同程度的裂纹，裂纹宽度不一但均穿过碳化物表面，并且与基体间的结合度未受到破坏，没有显微裂纹出现。

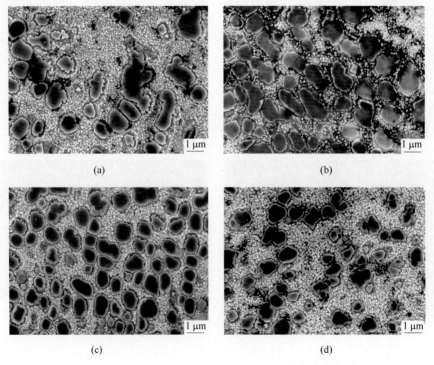

(a)　　　　　　　　　　　　　　　　　(b)

(c)　　　　　　　　　　　　　　　　　(d)

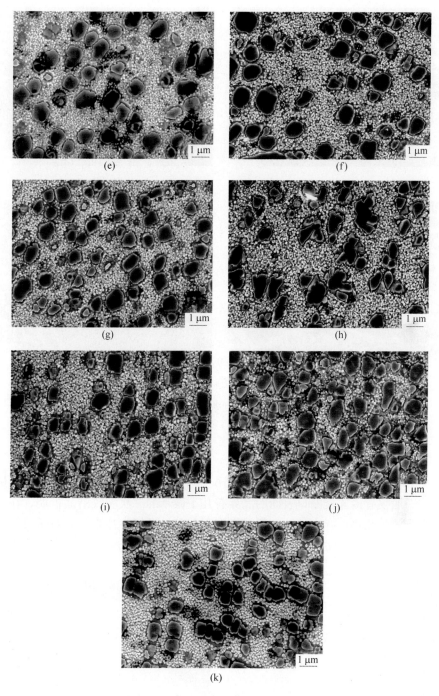

图 2.6　断口下方纵截面 γ′ 相形貌

（a）室温；（b）100 ℃；（c）200 ℃；（d）300 ℃；（e）400 ℃；（f）500 ℃；（g）600 ℃；

（h）700 ℃；（i）800 ℃；（j）900 ℃；（k）950 ℃

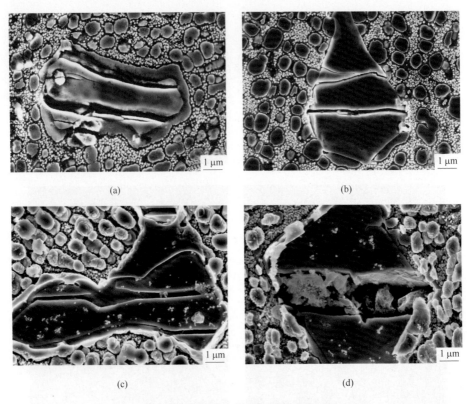

图 2.7 断口下方纵截面碳化物形貌

(a) 300 ℃；(b) 500 ℃；(c) 700 ℃；(d) 900 ℃

2.3.2.3 断口附近二次裂纹

K411 合金拉伸断口附近二次裂纹情况，见图 2.8，二次裂纹进入内部的情况较少，一般仅有由连接断口表面的晶界有几十微米的二次裂纹沿晶扩展，在下方断口下方的碳化物也存在裂纹，但均没有引起其扩展。整体来看，在短时拉伸试样断口下方，不易产生二次裂纹，晶内大块状析出相并未成为二次裂纹的裂纹发源地。

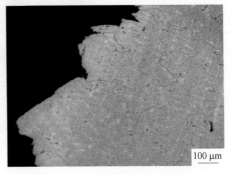

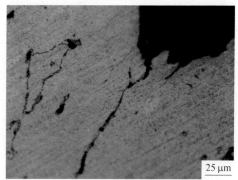

25 μm　　　25 μm

图 2.8　断口附近典型二次裂纹

2.4　持　久　特　征

2.4.1　持久断口特征

（1）宏观断口特征：K411 合金高温持久断口未出现颈缩现象，主端口周围未见其他与主断口平行的二次裂纹，侧视图断口主要呈现锯齿状，部分断口呈斜面特征。在 700 ℃下断口表面呈灰黑色，且持久时间越长，颜色越暗沉，800 ℃以上断口呈现较短时间呈灰绿色，时间越长，温度越高，绿色氧化现象越严重，部分试样侧视图见图 2.9。从断口全貌看，700 ℃下断口表面光滑的斜面占比较大，850 ℃有所减少，900 ℃几乎无光滑斜面特征，相反，枝晶形貌随温度升高，持久时间延长呈主要断裂形貌，见图 2.10。

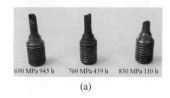
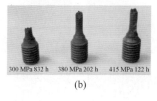
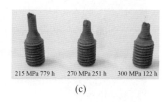

| 690 MPa 945 h | 760 MPa 439 h | 830 MPa 110 h | 300 MPa 832 h | 380 MPa 202 h | 415 MPa 122 h | 215 MPa 779 h | 270 MPa 251 h | 300 MPa 122 h |

（a）　　　　　　　　（b）　　　　　　　　（c）

图 2.9　持久断口侧视图
（a）700 ℃；（b）850 ℃；（c）900 ℃

（2）微观断口形貌：K411 合金持久断口总体微观特征差异不大。700 ℃边缘可见局部斜面，斜面呈细小韧窝形貌，氧化较平断区轻微，平断区呈现起伏的沿枝晶相界及韧窝断裂形貌，在高倍下可见 $\gamma+\gamma'$ 的网格状形貌。850 ℃下的持久断口除斜面形貌占比减少外，断口形貌与 700 ℃近似，在非斜面特征处均呈现出枝晶断裂形貌，为氧化较重的枝晶+韧窝形貌，高倍下 $\gamma+\gamma'$ 的网格状形貌及碳化

(a)

(b)

(c)

(d)

(e)

(f)

(g)

(h)

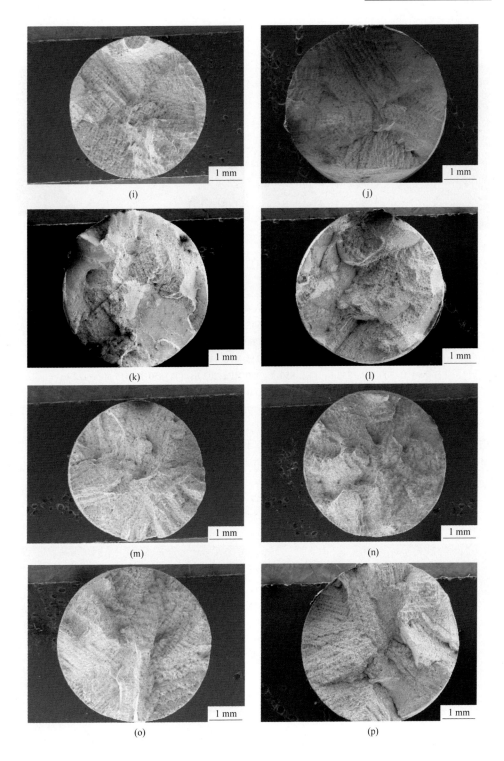

（q）　　　　　　　　　　　　　　　（r）

图 2.10　持久断口宏观形貌

（a）700 ℃/560 MPa/11224 h；（b）700 ℃/645 MPa/2380 h；（c）700 ℃/600 MPa/5555 h；

（d）700 ℃/690 MPa/945 h；（e）700 ℃/760 MPa/439 h；（f）700 ℃/830 MPa/110 h；

（g）850 ℃/180 MPa/14693 h；（h）850 ℃/215 MPa/4161 h；（i）850 ℃/255 MPa/2056 h；

（j）850 ℃/300 MPa/832 h；（k）850 ℃/380 MPa/202 h；（l）850 ℃/415 MPa/122 h；

（m）900 ℃/130 MPa/7388 h；（n）900 ℃/160 MPa/3662 h；（o）900 ℃/175 MPa/2533 h；

（p）900 ℃/215 MPa/779 h；（q）900 ℃/270 MPa/251 h；（r）900 ℃/300 MPa/122 h

物被更厚的氧化物颗粒包围。在 900 ℃下的断口，表面沿晶的二次裂纹更加明显，局部可见显微疏松，断面氧化严重，基本呈现氧化颗粒堆积状形貌，见图 2.11。

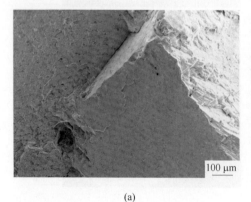

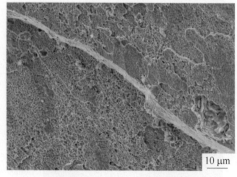

（a）　　　　　　　　　　　　　　　（b）

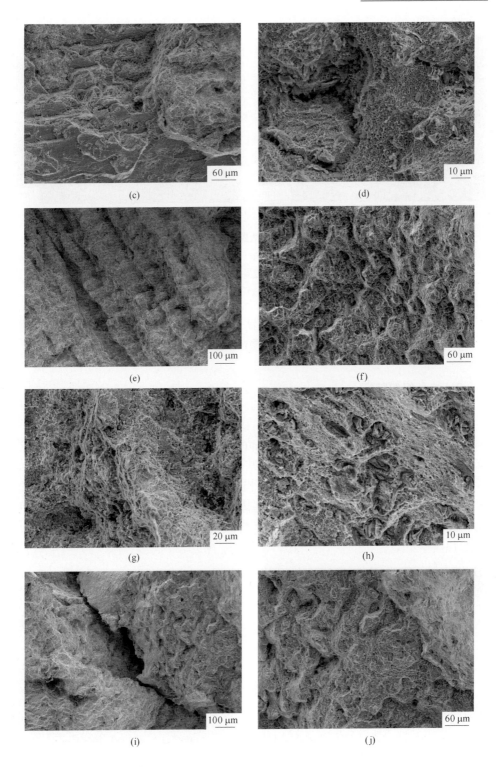

(c)

(d)

(e)

(f)

(g)

(h)

(i)

(j)

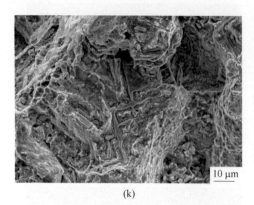

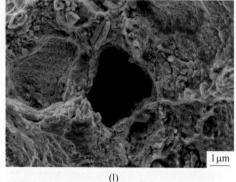

(k)　　　　　　　　　　　　　　　　　(l)

图 2.11　持久断口微观形貌

(a) 700 ℃/690 MPa/945 h, 边缘斜边断面微观低倍; (b) 700 ℃/690 MPa/945 h, 边缘斜边断面微观高倍;
(c) 700 ℃/690 MPa/945 h, 斜边断面与中心边界; (d) 700 ℃/690 MPa/945 h, 二次裂纹形貌;
(e) 850 ℃/300 MPa/832 h, 枝晶断裂形貌低倍; (f) 850 ℃/300 MPa/832 h, 枝晶断裂区域高倍;
(g) 850 ℃/300 MPa/832 h, 撕裂韧窝; (h) 850 ℃/300 MPa/832 h, 断裂碳化物;
(i) 900 ℃/270 MPa/251 h, 二次裂纹; (j) 900 ℃/270 MPa/251 h, 韧窝区氧化颗粒;
(k) 900 ℃/270 MPa/251 h, 断裂碳化物; (l) 900 ℃/270 MPa/251 h, 显微疏松

2.4.2　持久组织特征

2.4.2.1　应力端横截面组织

不同持久温度下持久断口横截面枝晶与晶界形貌,见图 2.12,晶粒内部一次枝晶生长方向均不同,枝晶间黑色相为共晶,灰色相为碳化物,晶界上存在断续析出的碳化物。枝晶干与枝晶间由于 γ′ 相析出变化而呈现不同的形貌,枝晶干二次 γ′ 相较多,枝晶间由于一次 γ′ 相间基体通道较窄,长期持久应力下一次 γ′ 相发生联结;随温度增加,一次 γ′ 相逐渐圆滑,二次 γ′ 相发生吞噬长大,见图 2.13。

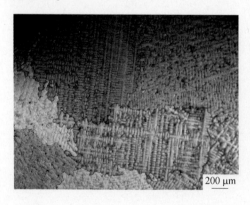

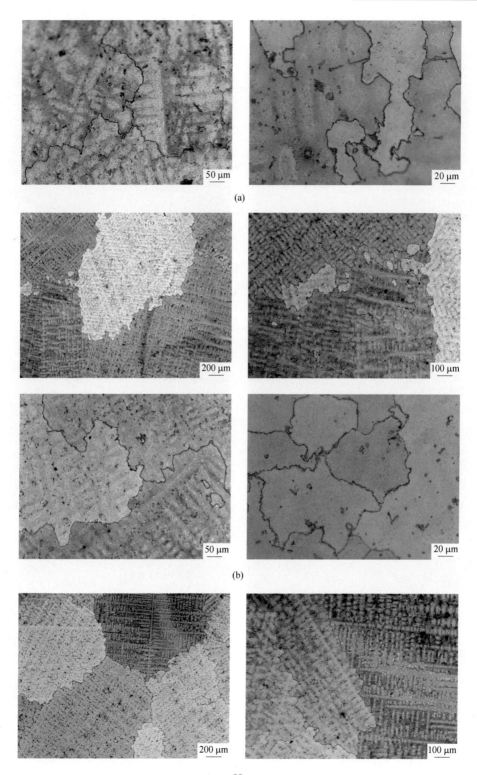

(a)

(b)

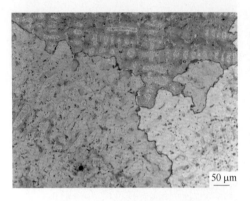
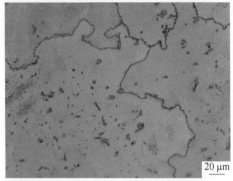

(c)

图 2.12　距离持久断口 8 mm 处横截面枝晶形貌

(a) 700 ℃/690 MPa/945 h，横截面枝晶与晶界；

(b) 850 ℃/300 MPa/832 h，横截面枝晶与晶界；

(c) 900 ℃/300 MPa/122 h，横截面枝晶与晶界

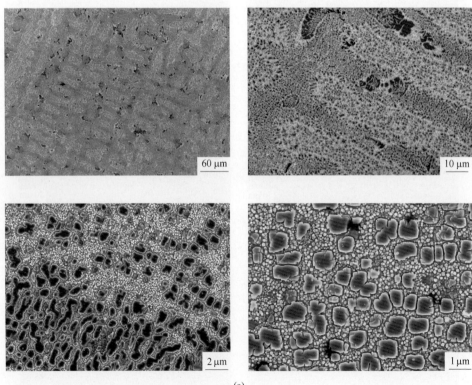

(a)

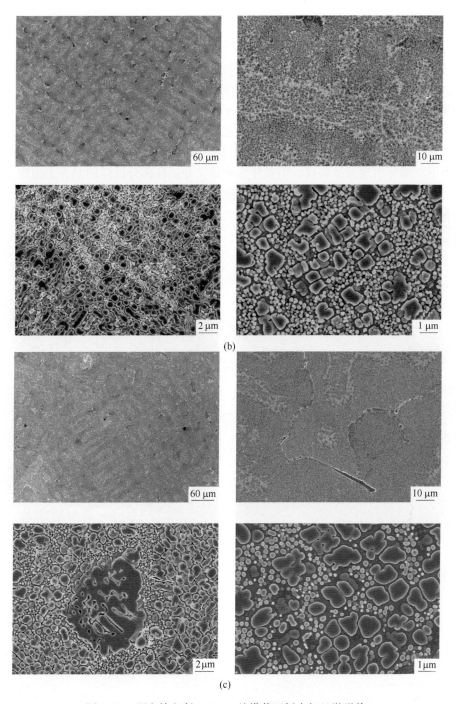

图 2.13　距离持久断口 8 mm 处横截面析出相显微形貌

（a）700 ℃/690 MPa/945 h；（b）850 ℃/380 MPa/202 h；

（c）900 ℃/300 MPa/122 h

2.4.2.2　应力端纵截面组织

　　纵截面 γ′相随温度与持久时间延长发生显著变化，在 700 ℃持久条件下，随着时间延长，一次 γ′相没有明显变化，球形二次 γ′相出现长大；850 ℃持久应力下，随着持久时间延长，一次 γ′相棱角逐渐圆润，并呈不规则形状，二次 γ′相相互联结长大，尺寸大于 700 ℃下二次 γ′相尺寸；在 900 ℃下持久，一次 γ′相呈近似球形，且存在垂直于应力方向的相互联结现象，随着时间延长，二次 γ′相长大并逐渐被一次 γ′相吞噬消失，见图 2.14。纵截面上大块状碳化物在长时间低应力下，部分出现显微裂纹，但整体形貌较完好，在部分试样的晶界上出现沿晶的二次裂纹，但没有连接成线，造成严重的晶间孔洞，见图 2.15。

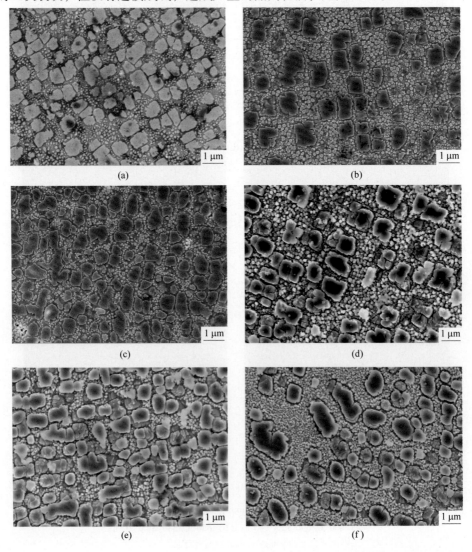

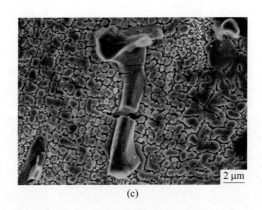

(c)

图 2.15 持久断口下方晶界、析出相形貌

(a) 沿晶二次裂纹；(b) 显微疏松；(c) 碳化物断裂

2.4.2.3 断口附近二次裂纹

K411 合金持久断口纵截面二次裂纹形貌见图 2.16。在 700 ℃持久条件下，连接主断口的二次裂纹存在 100 μm 左右的沿晶裂纹向内部延伸，对晶粒内部没有造成影响，整体沿晶的二次裂纹对试样破坏较小，断口附近的块状、条状、点状碳化物没有明显的裂纹萌生；850 ℃持久条件下几乎未观察到沿晶的二次裂纹，碳化物也保持完好；而在 900 ℃长时间持久应力下，依旧是沿晶的二次裂纹，但宽度显著大于晶界宽度，且一般为平行于主断口的晶界易萌生二次裂纹，数量多且更严重。

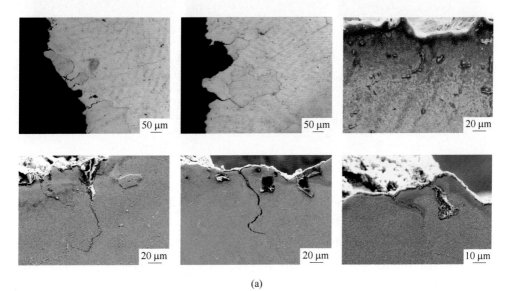

(a)

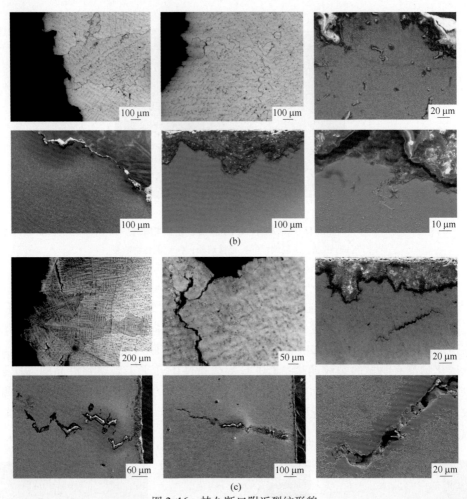

图 2.16 持久断口附近裂纹形貌

（a）700 ℃，断口附近典型形貌；（b）850 ℃，断口附近典型形貌；（c）900 ℃，断口附近典型形貌

2.5 高周疲劳特征

2.5.1 高周疲劳断口特征

（1）宏观断口特征：K411 合金高周疲劳试样室温呈金属光泽，750 ℃断口发黑，斜刻面发亮，而在 900 ℃下呈深绿色，见图 2.17。室温下断口表面平坦，裂纹源于试样表面，750 ℃断口起伏很大，且存在一定面积的斜刻面，斜刻面面积随应力降低而增大，在 900 ℃下断口裂纹源于试样亚表面，断口 70% 均为平坦的裂纹扩展区，见图 2.18。

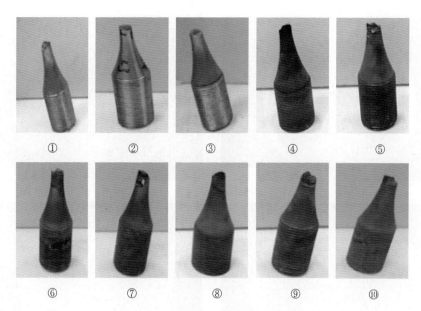

图 2.17 高周疲劳断后试样宏观形貌

（①~⑩对应图 2-18（a）~（j））

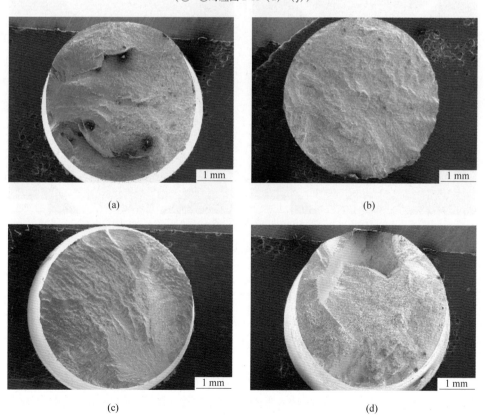

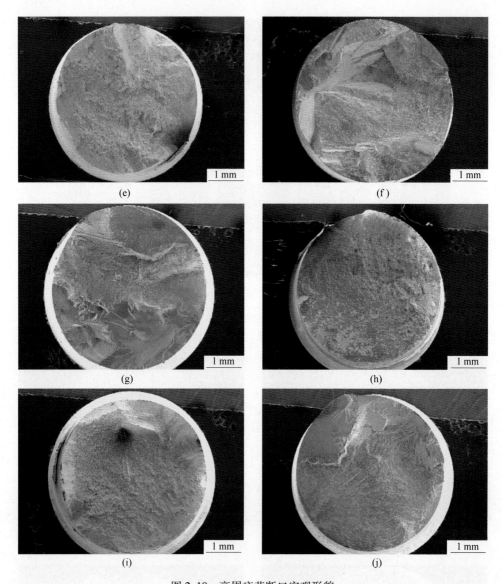

图 2.18 高周疲劳断口宏观形貌

(a) 室温，$R=0.1$，$\sigma_{max}=1555.5$ MPa，$N_f=126900$；(b) 室温，$R=-1$，$\sigma_{max}=400$ MPa，$N_f=532400$；

(c) 室温，$R=-1$，$\sigma_{max}=640$ MPa，$N_f=40700$；(d) 750 ℃，$R=0.1$，$\sigma_{max}=1511$ MPa，$N_f=1615200$；

(e) 750 ℃，$R=0.1$，$\sigma_{max}=2000$ MPa，$N_f=9100$；(f) 750 ℃，$R=-1$，$\sigma_{max}=340$ MPa，$N_f=4839000$；

(g) 750 ℃，$R=-1$，$\sigma_{max}=480$ MPa，$N_f=19400$；(h) 900 ℃，$R=0.1$，$\sigma_{max}=1111$ MPa，$N_f=112500$；

(i) 900 ℃，$R=0.1$，$\sigma_{max}=1422$ MPa，$N_f=205800$；(j) 900 ℃，$R=-1$，$\sigma_{max}=360$ MPa，$N_f=218800$

（2）微观断口特征：室温下，裂纹由断口表面起源，$R=0.1$ 条件下以河流状形式扩展的第一阶段，随后转入阶梯状继续扩展，在第二阶段出现明显的弯曲小裂纹，而在 $R = -1$ 条件下，同样是表面起源，河流状花样占大部分扩展区域，扩展区的后期可见深色的小平面，小平面的边界存在大量细微裂纹。在 750 ℃ 条件下，断口斜刻面面积增加，且一般在裂纹源区附近的扩展区形成不同方向的斜刻面，而在扩展的第二阶段，$R = 0.1$ 条件下出现了较多细小平行的二次裂纹，同时存在较粗大的沿晶二次裂纹。在 900 ℃ 条件下，裂纹源于试样表面，源区附近较平滑，在扩展区呈枝晶状形貌，且存在大量被氧化物沉积的破碎碳化物，高倍下观察到较多沿晶的二次裂纹，见图 2.19。

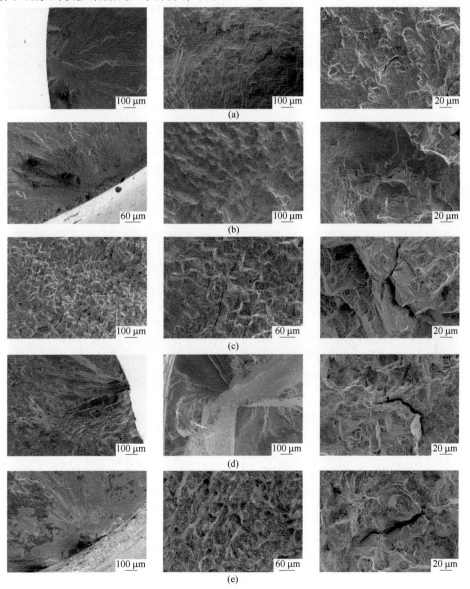

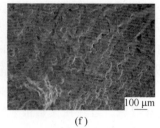

(f)

图 2.19 高周疲劳断口微观形貌

（a）室温，$R=0.1$，$\sigma_{max}=1555.5$ MPa，$N_f=126900$；（b）室温，$R=-1$，$\sigma_{max}=640$ MPa，$N_f=40700$；
（c）750 ℃，$R=0.1$，$\sigma_{max}=1511$ MPa，$N_f=1615200$；（d）750 ℃，$R=-1$，$\sigma_{max}=340$ MPa，$N_f=4839000$；
（e）900 ℃，$R=0.1$，$\sigma_{max}=1111$ MPa，$N_f=112500$；（f）900 ℃，$R=-1$，$\sigma_{max}=360$ MPa，$N_f=218800$

2.5.2　高周疲劳组织特征

2.5.2.1　应力端横截面组织

K411 合金高周疲劳横截面 γ' 相未受到明显的破坏，一次 γ' 相呈不规则立方状，部分呈现花瓣状，周边的二次 γ' 相存在被相互联结或是被一次 γ' 相吸收，使得一次 γ' 相与基体边界呈波浪状，基体中分布的二次 γ' 相呈球状或是联结后形成的花瓣状，见图 2.20。

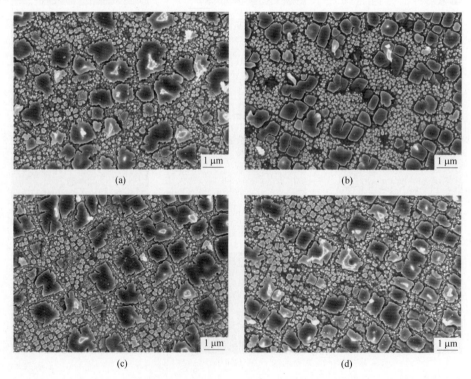

(a)　　　　　　　　　　　　　　　(b)

(c)　　　　　　　　　　　　　　　(d)

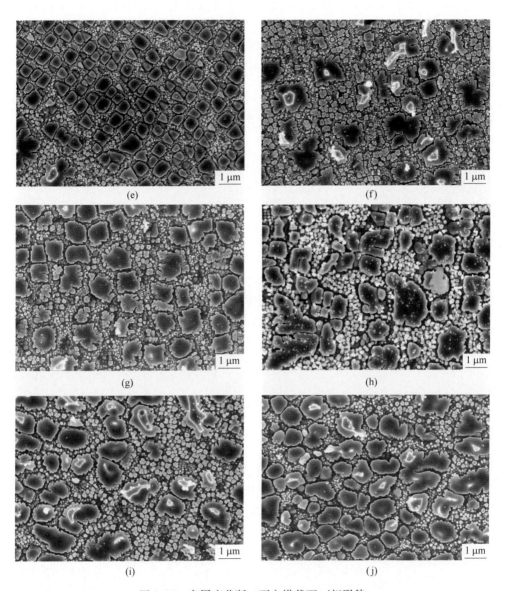

图 2.20 高周疲劳断口下方横截面 γ′ 相形貌

（a）室温，$R=0.1$，$\sigma_{max}=1555.5$ MPa，$N_f=126900$；（b）室温，$R=-1$，$\sigma_{max}=400$ MPa，$N_f=532400$；

（c）室温，$R=-1$，$\sigma_{max}=640$ MPa，$N_f=40700$；（d）750 ℃，$R=0.1$，$\sigma_{max}=1511$ MPa，$N_f=1615200$；

（e）750 ℃，$R=0.1$，$\sigma_{max}=2000$ MPa，$N_f=9100$；（f）750 ℃，$R=-1$，$\sigma_{max}=340$ MPa，$N_f=4839000$；

（g）750 ℃，$R=-1$，$\sigma_{max}=480$ MPa，$N_f=19400$；（h）900 ℃，$R=0.1$，$\sigma_{max}=1111$ MPa，$N_f=112500$；

（i）900 ℃，$R=0.1$，$\sigma_{max}=1422$ MPa，$N_f=205800$；（j）900 ℃，$R=-1$，$\sigma_{max}=360$ MPa，$N_f=218800$

2.5.2.2 应力端纵截面组织

K411 合金纵截面 γ′ 相相对于横截面 γ′ 相更加规整，立方状的一次 γ′ 相吸收二次 γ′ 相，造成大多数一次 γ′ 相边界均呈现花瓣状，而在 900 ℃ 条件下，一次 γ′ 相相对于中低温下界面较为光滑，成型的花瓣状一次 γ′ 相较大，二次 γ′ 相界面同样变得圆滑，似乎已完成长大过程，并在高温下界面达成稳定，见图 2.21。

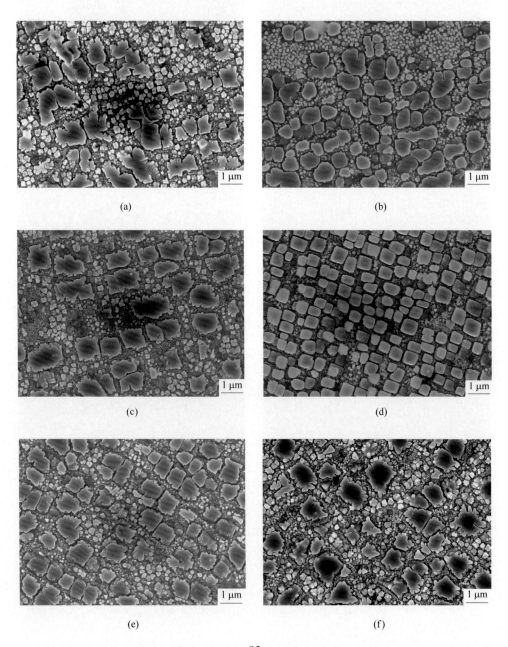

(a)

(b)

(c)

(d)

(e)

(f)

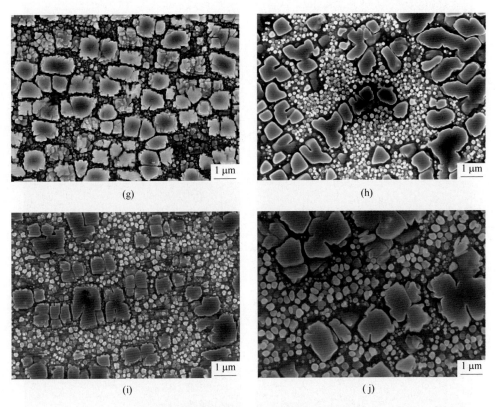

图 2.21 高周疲劳断口下方纵截面 γ' 相形貌

（a）室温，$R=0.1$，$\sigma_{max}=1555.5$ MPa，$N_f=126900$；（b）室温，$R=-1$，$\sigma_{max}=400$ MPa，$N_f=532400$；

（c）室温，$R=-1$，$\sigma_{max}=640$ MPa，$N_f=40700$；（d）750 ℃，$R=0.1$，$\sigma_{max}=1511$ MPa，$N_f=1615200$；

（e）750 ℃，$R=0.1$，$\sigma_{max}=2000$ MPa，$N_f=9100$；（f）750 ℃，$R=-1$，$\sigma_{max}=340$ MPa，$N_f=4839000$；

（g）750 ℃，$R=-1$，$\sigma_{max}=480$ MPa，$N_f=19400$；（h）900 ℃，$R=0.1$，$\sigma_{max}=1111$ MPa，$N_f=112500$；

（i）900 ℃，$R=0.1$，$\sigma_{max}=1422$ MPa，$N_f=205800$；（j）900 ℃，$R=-1$，$\sigma_{max}=360$ MPa，$N_f=218800$

2.5.2.3 断口附近二次裂纹

断口纵截面的宏观形貌显示，整体上未见明显粗大沿晶二次裂纹由主断口引入，断口界面较为光滑，未见阶梯状痕迹，见图 2.22。断口附近微观形貌显示，室温下断口附近出现沿晶的细小二次裂纹，且晶界上块状碳化物更易造成裂纹的扩展。750 ℃下存在穿晶的二次裂纹，呈一定的角度，说明二次裂纹呈特殊晶体学取向，同时断口附近碳化物存在裂纹，且沿晶的裂纹更长，750 ℃二次裂纹萌生更多，在 900 ℃下，断口镀金出现氧化物沉积，氧化皮处二次裂纹不易萌生，而没有氧化皮的位置出现较短的二次裂纹萌生以及被剪切扭曲的二次 γ' 相，见图 2.23。

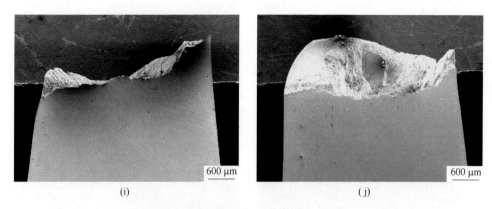

(i)　　　　　　　　　　　　　　　　　(j)

图 2.22　高周疲劳断口纵截面宏观形貌

（a）室温，$R=0.1$，$\sigma_{max}=1555.5$ MPa，$N_f=126900$；（b）室温，$R=-1$，$\sigma_{max}=400$ MPa，$N_f=532400$；

（c）室温，$R=-1$，$\sigma_{max}=640$ MPa，$N_f=40700$；（d）750 ℃，$R=0.1$，$\sigma_{max}=1511$ MPa，$N_f=1615200$；

（e）750 ℃，$R=0.1$，$\sigma_{max}=2000$ MPa，$N_f=9100$；（f）750 ℃，$R=-1$，$\sigma_{max}=340$ MPa，$N_f=4839000$；

（g）750 ℃，$R=-1$，$\sigma_{max}=480$ MPa，$N_f=19400$；（h）900 ℃，$R=0.1$，$\sigma_{max}=1111$ MPa，$N_f=112500$；

（i）900 ℃，$R=0.1$，$\sigma_{max}=1422$ MPa，$N_f=205800$；（j）900 ℃，$R=-1$，$\sigma_{max}=360$ MPa，$N_f=218800$

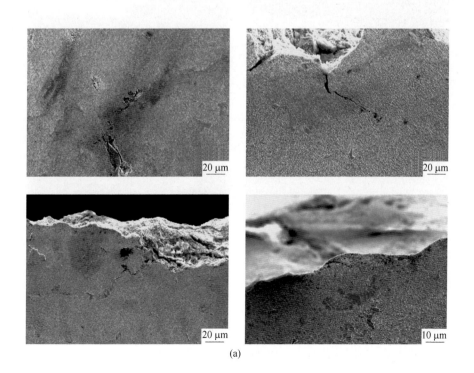

(a)

— 85 —

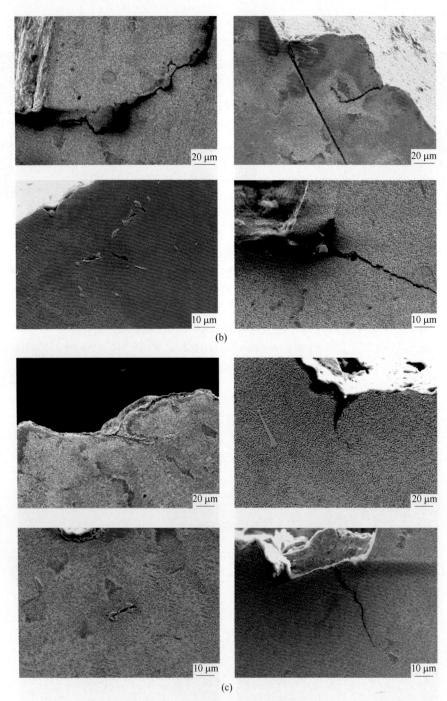

图 2.23 高周疲劳断口纵截面微观形貌

（a）室温，典型二次裂纹；（b）750 ℃，典型二次裂纹；（c）900 ℃，典型二次裂纹

2.6 低周疲劳特征

2.6.1 低周疲劳断口特征

2.6.1.1 室温，$R_\varepsilon = -1$ 与 $R_\varepsilon = 0.1$

（1）宏观断口形貌：室温下低周疲劳断口的疲劳源区、面积范围并不清晰，整体断口呈现拉伸的断裂形式。室温疲劳断口整体较平坦，整个断口为与轴向垂直的断面，疲劳区主要以平坦的平断断裂特征（疲劳扩展第二阶段）呈现，断口均无刻面特征。室温断口表面呈金属光泽，部分试样表面存在亮色斑点，见图2.24~图2.26。

图 2.24 室温，$R_\varepsilon = 0.1$ 与 $R_\varepsilon = -1$ 低周疲劳断口侧视图

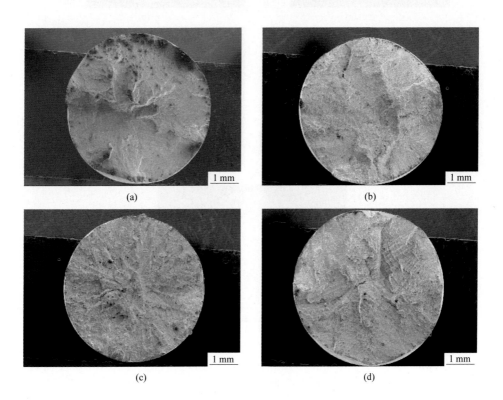

（a）

（b）

（c）

（d）

(e)

图 2.25 室温，$R_\varepsilon = 0.1$ 低周疲劳断口宏观形貌

(a) $\varepsilon_{max} = 0.899\%$，$N_f = 2849$；(b) $\varepsilon_{max} = 0.799\%$，$N_f = 4102$；(c) $\varepsilon_{max} = 0.600\%$，$N_f = 12587$；

(d) $\varepsilon_{max} = 0.542\%$，$N_f = 8572$；(e) $\varepsilon_{max} = 1.02\%$，$N_f = 390$

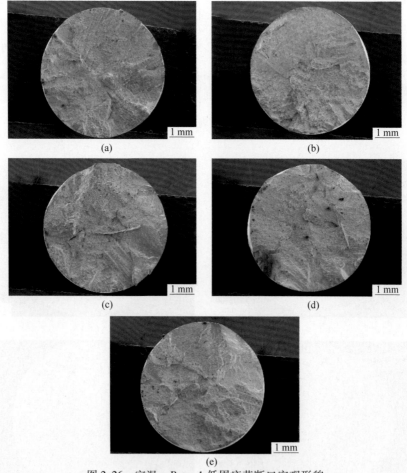

图 2.26 室温，$R_\varepsilon = -1$ 低周疲劳断口宏观形貌

(a) $\varepsilon_{max} = 0.600\%$，$N_f = 163$；(b) $\varepsilon_{max} = 0.450\%$，$N_f = 155$；(c) $\varepsilon_{max} = 0.350\%$，$N_f = 3969$；

(d) $\varepsilon_{max} = 0.250\%$，$N_f = 8936$；(e) $\varepsilon_{max} = 0.250\%$，$N_f = 15988$

（2）微观特征：室温，$R_\varepsilon = 0.1$ 与 $R_\varepsilon = -1$ 低周疲劳断口微观形貌相近，断口表面可见沿晶二次裂纹，虽未见明显的裂纹源，但出现小范围的阶梯状形貌，呈现类解理断裂特征。瞬断区以枝晶状断裂形貌为主，并存在大量碳化物。高倍下瞬断区呈现 $\gamma + \gamma'$ 相与十字断裂碳化物形貌，碳化物内部出现裂纹，部分发生联结形成二次裂纹，见图 2.27。

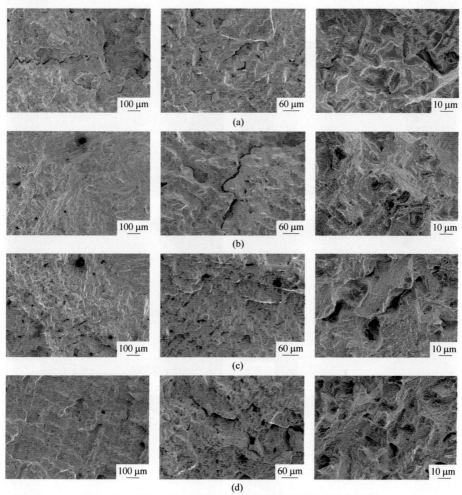

图 2.27 室温，$R_\varepsilon = -1$ 与 $R_\varepsilon = 0.1$ 低周疲劳断口微观形貌

（a）室温，$R_\varepsilon = 0.1$，$\varepsilon_{max} = 0.799\%$，$N_f = 4102$；（b）室温，$R_\varepsilon = 0.1$，$\varepsilon_{max} = 1.02\%$，$N_f = 390$；

（c）室温，$R_\varepsilon = -1$，$\varepsilon_{max} = 0.250\%$；$N_f = 15988$；（d）室温，$R_\varepsilon = -1$，$\varepsilon_{max} = 0.600\%$，$N_f = 163$

2.6.1.2　750 ℃，$R_\varepsilon = -1$ 与 $R_\varepsilon = 0.1$

（1）宏观形貌：750 ℃下低周疲劳断口出现氧化的深绿色，部分试样断口起伏较大，$R_\varepsilon = 0.1$ 条件下的低周疲劳断口呈现疲劳源区、扩展区和瞬断区，且瞬断区占据 60% 以上，而 $R_\varepsilon = -1$ 低周疲劳条件下源区较难分辨，断口主要以瞬断形式断裂，且断面枝晶形貌明显，并存在较深的二次裂纹和斜刻面，如图 2.28 及图 2.29 所示。

图 2.28 750 ℃，$R_\varepsilon = 0.1$ 与 $R_\varepsilon = -1$ 低周疲劳断口侧视图

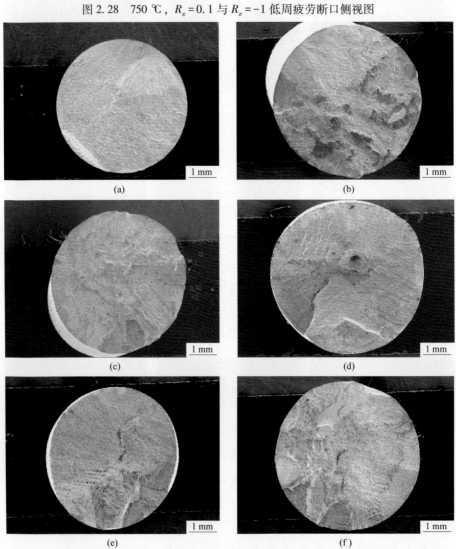

图 2.29 750 ℃，$R_\varepsilon = 0.1$ 与 $R_\varepsilon = -1$ 低周疲劳断口宏观形貌

(a) $R_\varepsilon = 0.1$，$\varepsilon_{max} = 0.311\%$，$N_f = 155887$；(b) $R_\varepsilon = 0.1$，$\varepsilon_{max} = 0.844\%$，$N_f = 424$；

(c) $R_\varepsilon = 0.1$，$\varepsilon_{max} = 0.756\%$，$N_f = 3902$；(d) $R_\varepsilon = -1$，$\varepsilon_{max} = 0.200\%$，$N_f = 14089$；

(e) $R_\varepsilon = -1$，$\varepsilon_{max} = 0.300\%$，$N_f = 4636$；(f) $R_\varepsilon = -1$，$\varepsilon_{max} = 0.500\%$，$N_f = 220$

（2）微观形貌：750 ℃下低周疲劳断口可观察到的裂纹均起源于断口表面，扩展区呈河流形貌发散状，瞬断区出现大量二次裂纹及枝晶状形貌，该区域较为粗糙，在扩展区的第二阶段，疲劳扩展条带因变宽而开始清晰，瞬断区则呈现脱落的碳化物形貌及网格状 γ+γ′相形貌，见图 2.30。

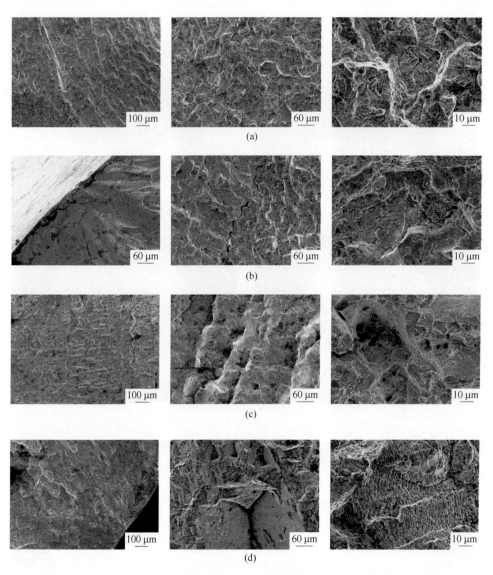

图 2.30　750 ℃，$R_\varepsilon = 0.1$ 与 $R_\varepsilon = -1$ 低周疲劳断口微观形貌

（a）750 ℃，$R_\varepsilon = 0.1$，$\varepsilon_{max} = 0.311\%$，$N_f = 155887$；（b）750 ℃，$R_\varepsilon = 0.1$，$\varepsilon_{max} = 0.844\%$，$N_f = 424$；
（c）750 ℃，$R_\varepsilon = -1$，$\varepsilon_{max} = 0.200\%$，$N_f = 14089$；（d）750 ℃，$R_\varepsilon = -1$，$\varepsilon_{max} = 0.500\%$，$N_f = 220$

2.6.1.3 900 ℃，$R_\varepsilon=-1$ 与 $R_\varepsilon=0.1$

（1）宏观形貌：900 ℃低周疲劳试样 $R_\varepsilon=0.1$ 条件下呈深绿色，且断口存在明显的裂纹源时，裂纹源呈深绿色区别于扩展区与瞬断区，而 $R_\varepsilon=-1$ 条件下断口呈黑色，且断口形貌差异较大，无明显的枝晶状断裂形貌，应力越大，刻面越多，见图2.31及图2.32。

(a)   (b)

图 2.31 900 ℃，$R_\varepsilon=0.1$（a）与 $R_\varepsilon=-1$（b）低周疲劳断口侧视图

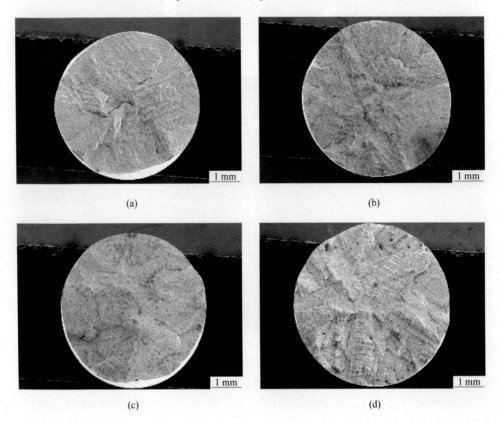

(a)   (b)

(c)   (d)

图 2.32   900 ℃，$R = 0.1$ 与 $R = -1$ 低周疲劳断口宏观形貌

（a）$R_\varepsilon = 0.1$，$\varepsilon_{max} = 0.356\%$，$N_f = 101139$；（b）$R_\varepsilon = 0.1$，$\varepsilon_{max} = 0.444\%$，$N_f = 40168$；

（c）$R_\varepsilon = 0.1$，$\varepsilon_{max} = 0.511\%$，$N_f = 24158$；（d）$R_\varepsilon = 0.1$，$\varepsilon_{max} = 0.600\%$，$N_f = 2746$；

（e）$R_\varepsilon = -1$，$\varepsilon_{max} = 0.201\%$，$N_f = 25500$；（f）$R_\varepsilon = -1$，$\varepsilon_{max} = 0.199\%$，$N_f = 46434$；

（g）$R_\varepsilon = -1$，$\varepsilon_{max} = 0.300\%$，$N_f = 4079$；（h）$R_\varepsilon = -1$，$\varepsilon_{max} = 0.500\%$，$N_f = 596$

（2）微观断口形貌：900 ℃，$R_\varepsilon = 0.1$ 低周疲劳断口整体呈晶间断裂形貌，应力越高，枝晶形貌越明显，其中 $\varepsilon_{max} = 0.444\%$ 试样存在明显的裂纹源与扩展区，占据 10% 的面积且十分平坦，与瞬断区呈现明显的分界线，这一现象与 $R_\varepsilon = -1$，$\varepsilon_{max} = 0.199\%$ 试样占据断口 50% 扩展区的形貌一致。在 $R_\varepsilon = -1$ 条件下，应力越大断口表面起伏越大，应力最高时断口表面 60% 面积呈斜刻面形貌，而瞬断区则呈典型的断裂碳化物 + 网状 γ' 分布形貌，未见明显的疲劳条纹，见图 2.33。

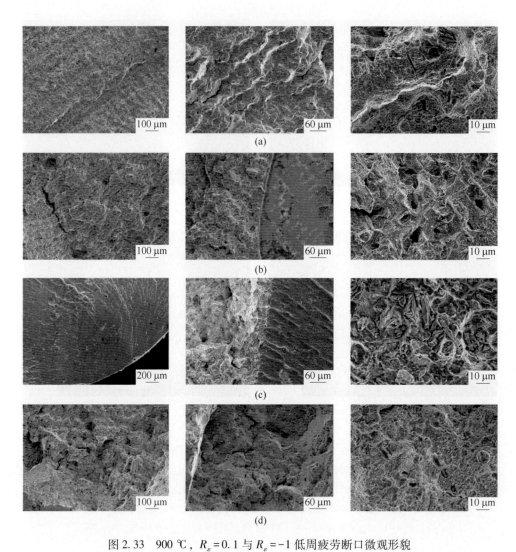

图 2.33　900 ℃，$R_\varepsilon = 0.1$ 与 $R_\varepsilon = -1$ 低周疲劳断口微观形貌

（a）900 ℃，$R_\varepsilon = 0.1$，$\varepsilon_{max} = 0.356\%$，$N_f = 101139$；（b）900 ℃，$R_\varepsilon = 0.1$，$\varepsilon_{max} = 0.444\%$，$N_f = 40168$；
（c）900 ℃，$R_\varepsilon = -1$，$\varepsilon_{max} = 0.199\%$，$N_f = 46434$；（d）900 ℃，$R_\varepsilon = -1$，$\varepsilon_{max} = 0.500\%$，$N_f = 596$

2.6.2　低周疲劳组织特征

2.6.2.1　应力端横截面组织

低周疲劳试样的断口下方 10 mm 处应力端横截面 γ′ 相形貌见图 2.34，K411 合金的低周疲劳条件下横截面枝晶干一次 γ′ 相呈圆角立方状，二次 γ′ 相呈细小的球状。然而，整体 γ' 相分布呈现两种不同形式，一种为占面积分数一半以上的规则一次 γ' 相及更加细小的二次 γ' 相，另一种为无规则形状的一次 γ' 相及尺寸较大的二次 γ' 相，这由图 2.35 两种不同形式的枝晶干与枝晶间也能看出。低周疲劳试验一般不会造成 γ' 相的重新分布，因此认为是由试样铸造或热处理过程中差异造成的。

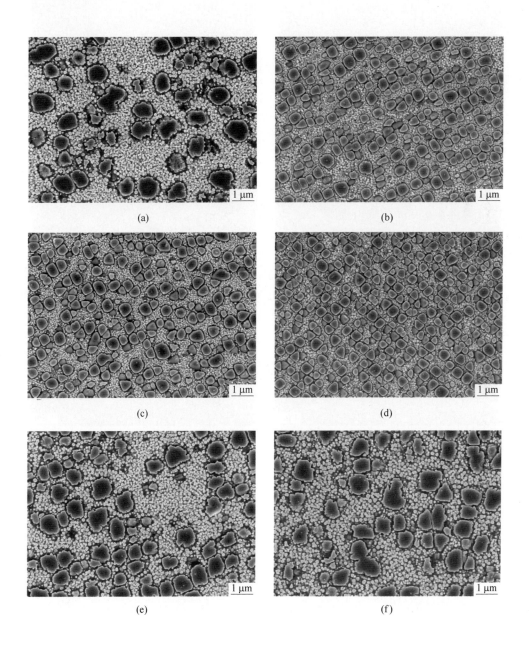

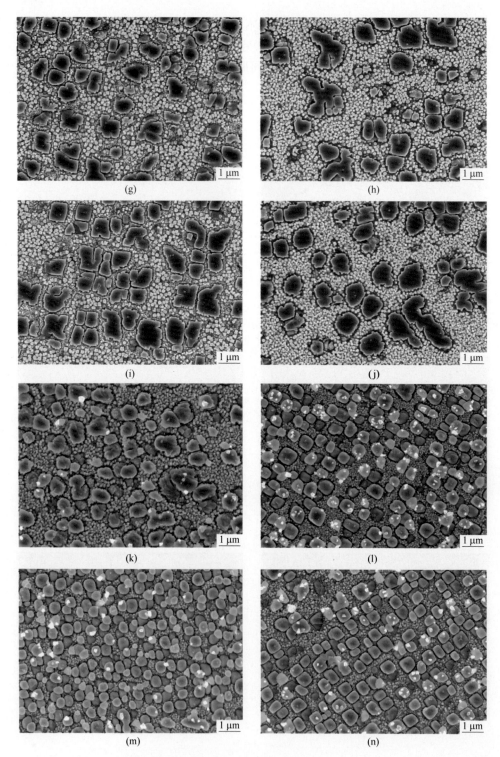

(g)

(h)

(i)

(j)

(k)

(l)

(m)

(n)

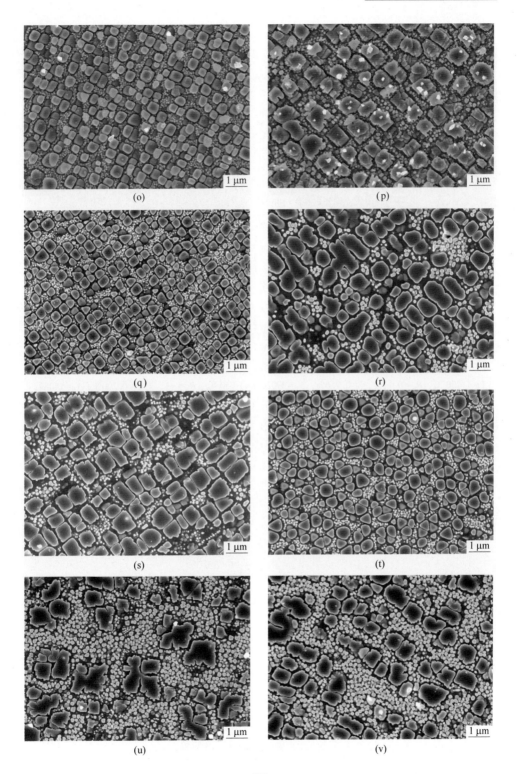

(o)

(p)

(q)

(r)

(s)

(t)

(u)

(v)

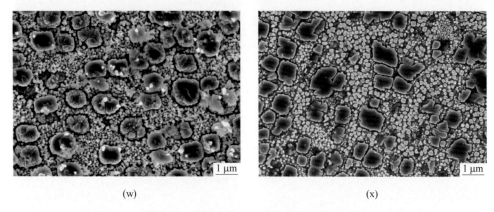

(w) (x)

图 2.34　低周疲劳应力端横截面 γ′相形貌

（a）室温，$R_\varepsilon=0.1$，$\varepsilon_{max}=0.542\%$，$N_f=8572$；（b）室温，$R_\varepsilon=0.1$，$\varepsilon_{max}=0.799\%$，$N_f=4102$；

（c）室温，$R_\varepsilon=0.1$，$\varepsilon_{max}=0.899\%$，$N_f=2849$；（d）室温，$R_\varepsilon=0.1$，$\varepsilon_{max}=1.02\%$，$N_f=390$；

（e）室温，$R_\varepsilon=0.1$，$\varepsilon_{max}=0.600\%$，$N_f=12587$；（f）室温，$R_\varepsilon=-1$，$\varepsilon_{max}=0.250\%$，$N_f=15988$；

（g）室温，$R_\varepsilon=-1$，$\varepsilon_{max}=0.250\%$，$N_f=8936$；（h）室温，$R_\varepsilon=-1$，$\varepsilon_{max}=0.350\%$，$N_f=3969$；

（i）室温，$R_\varepsilon=-1$，$\varepsilon_{max}=0.450\%$，$N_f=155$；（j）室温，$R_\varepsilon=-1$，$\varepsilon_{max}=0.600\%$，$N_f=163$；

（k）750 ℃，$R_\varepsilon=0.1$，$\varepsilon_{max}=0.311\%$，$N_f=155887$；（l）750 ℃，$R_\varepsilon=0.1$，$\varepsilon_{max}=0.844\%$，$N_f=424$；

（m）750 ℃，$R_\varepsilon=0.1$：$\varepsilon_{max}=0.756\%$，$N_f=3902$；（n）750 ℃，$R_\varepsilon=-1$，$\varepsilon_{max}=0.200\%$，$N_f=14089$；

（o）750 ℃，$R_\varepsilon=-1$，$\varepsilon_{max}=0.300\%$，$N_f=4636$；（p）750 ℃，$R_\varepsilon=-1$，$\varepsilon_{max}=0.500\%$，$N_f=220$；

（q）900 ℃，$R_\varepsilon=0.1$，$\varepsilon_{max}=0.356\%$，$N_f=101139$；（r）900 ℃，$R_\varepsilon=0.1$，$\varepsilon_{max}=0.444\%$，$N_f=40168$；

（s）900 ℃，$R_\varepsilon=0.1$，$\varepsilon_{max}=0.511\%$，$N_f=24158$；（t）900 ℃，$R_\varepsilon=0.1$，$\varepsilon_{max}=0.600\%$，$N_f=2746$；

（u）900 ℃，$R_\varepsilon=-1$，$\varepsilon_{max}=0.201\%$，$N_f=25500$，（v）900 ℃，$R_\varepsilon=-1$，$\varepsilon_{max}=0.199\%$，$N_f=46434$；

（w）900 ℃，$R_\varepsilon=-1$，$\varepsilon_{max}=0.300\%$，$N_f=4079$；（x）900 ℃，$R_\varepsilon=-1$，$\varepsilon_{max}=0.500\%$，$N_f=596$

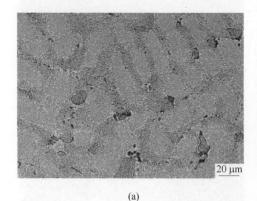

(a) (b)

图 2.35　低周疲劳应力端横截面两种枝晶干/间微观形貌

（a）枝晶干形貌一；（b）枝晶干形貌二

2.6.2.2 应力端纵截面组织

主断口下方 γ' 相分布形貌见图 2.36，低周疲劳循环载荷对 γ' 相形貌未造成影响，除个别试样初始形貌差异外一次与二次 γ' 相在体积分数、尺寸形貌上没有明显的退化。

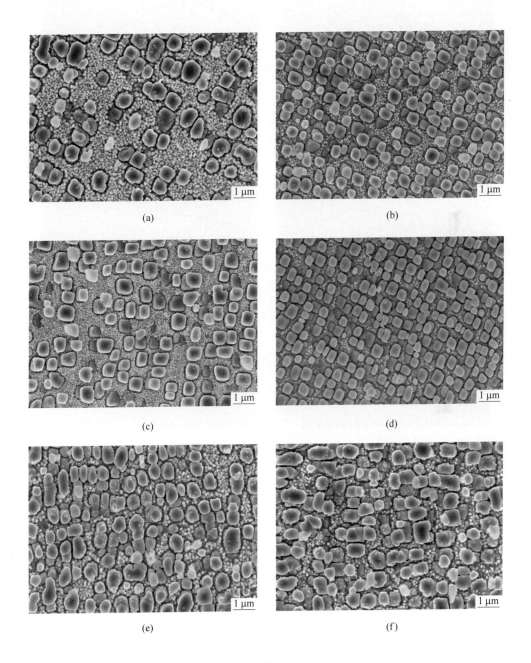

(a)

(b)

(c)

(d)

(e)

(f)

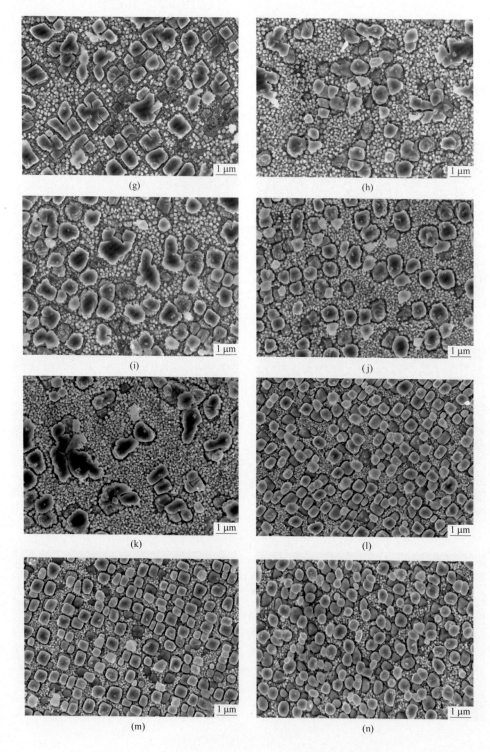

(g)

(h)

(i)

(j)

(k)

(l)

(m)

(n)

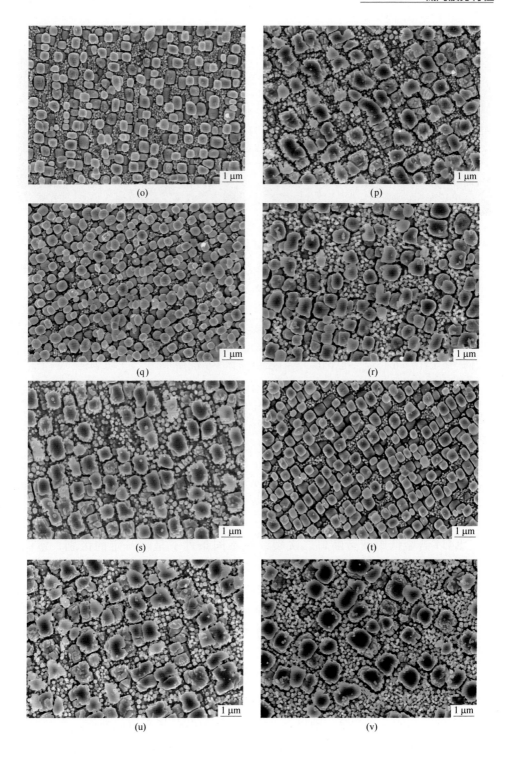

(o)

(p)

(q)

(r)

(s)

(t)

(u)

(v)

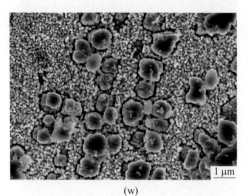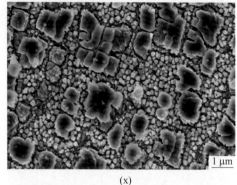

(w) (x)

图 2.36　低周疲劳应力端纵截面 γ′ 相形貌

(a) 室温，$R_\varepsilon = 0.1$，$\varepsilon_{max} = 0.542\%$，$N_f = 8572$；(b) 室温，$R_\varepsilon = 0.1$，$\varepsilon_{max} = 0.799\%$，$N_f = 4102$；

(c) 室温，$R_\varepsilon = 0.1$，$\varepsilon_{max} = 0.899\%$，$N_f = 2849$；(d) 室温，$R_\varepsilon = 0.1$，$\varepsilon_{max} = 1.02\%$，$N_f = 390$；

(e) 室温，$R_\varepsilon = 0.1$，$\varepsilon_{max} = 0.600\%$，$N_f = 12587$；(f) 室温，$R_\varepsilon = -1$，$\varepsilon_{max} = 0.250\%$，$N_f = 15988$；

(g) 室温，$R_\varepsilon = -1$，$\varepsilon_{max} = 0.250\%$，$N_f = 8936$；(h) 室温，$R_\varepsilon = -1$，$\varepsilon_{max} = 0.350\%$，$N_f = 3969$；

(i) 室温，$R_\varepsilon = -1$，$\varepsilon_{max} = 0.450\%$，$N_f = 155$；(j) 室温，$R_\varepsilon = -1$，$\varepsilon_{max} = 0.600\%$，$N_f = 163$；

(k) 750 ℃，$R_\varepsilon = 0.1$，$\varepsilon_{max} = 0.311\%$，$N_f = 155887$；(l) 750 ℃，$R_\varepsilon = 0.1$，$\varepsilon_{max} = 0.844\%$，$N_f = 424$；

(m) 750 ℃，$R_\varepsilon = 0.1$，$\varepsilon_{max} = 0.675\%$，$N_f = 3902$；(n) 750 ℃，$R_\varepsilon = -1$，$\varepsilon_{max} = 0.200\%$，$N_f = 14089$；

(o) 750 ℃，$R_\varepsilon = -1$，$\varepsilon_{max} = 0.300\%$，$N_f = 4636$；(p) 750 ℃，$R_\varepsilon = -1$，$\varepsilon_{max} = 0.500\%$，$N_f = 220$；

(q) 900 ℃，$R_\varepsilon = 0.1$，$\varepsilon_{max} = 0.356\%$，$N_f = 101139$；(r) 900 ℃，$R_\varepsilon = 0.1$，$\varepsilon_{max} = 0.444\%$，$N_f = 40168$；

(s) 900 ℃，$R_\varepsilon = 0.1$，$\varepsilon_{max} = 0.511\%$，$N_f = 24158$；(t) 900 ℃，$R_\varepsilon = 0.1$，$\varepsilon_{max} = 0.600\%$，$N_f = 2746$；

(u) 900 ℃，$R_\varepsilon = -1$，$\varepsilon_{max} = 0.201\%$，$N_f = 25500$；(v) 900 ℃，$R_\varepsilon = -1$，$\varepsilon_{max} = 0.199\%$，$N_f = 46434$；

(w) 900 ℃，$R_\varepsilon = -1$，$\varepsilon_{max} = 0.300\%$，$N_f = 4079$；(x) 900 ℃，$R_\varepsilon = -1$，$\varepsilon_{max} = 0.500\%$，$N_f = 596$

2.6.2.3　断口附近二次裂纹

K411 合金低周疲劳断口二次裂纹在不同条件下呈现一定的区别，室温，$R_\varepsilon = 0.1$ 条件下断口附近二次裂纹延伸较长，但没有使晶界增粗，裂纹尖端若存在共晶时，优先在共晶处出现新的裂纹；室温，$R_\varepsilon = -1$ 条件下，二次裂纹在断口的下方晶界薄弱共晶处形成，同时在断口下方表面及内部出现穿晶的裂纹。在 750 ℃，$R_\varepsilon = 0.1$ 及 $R_\varepsilon = -1$ 低周疲劳条件下，存在两种二次裂纹形式：(1) 由主裂纹引入的二次裂纹；(2) 由圆柱表面引入的二次裂纹，并且共晶的存在会使裂纹更多地向前延伸。在 900 ℃ 条件下，$R_\varepsilon = 0.1$ 条件下仅出现由主裂纹引入的沿晶二次裂纹，未出现穿晶裂纹，而在 $R_\varepsilon = -1$ 条件下，几乎观察不到明显的二次裂纹，断口下方的碳化物与共晶也未造成新的二次裂纹萌生，见图 2.37。

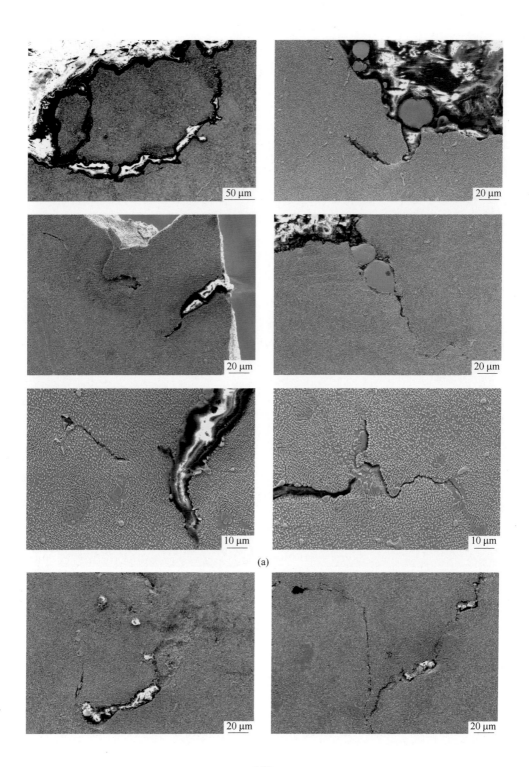

(a)

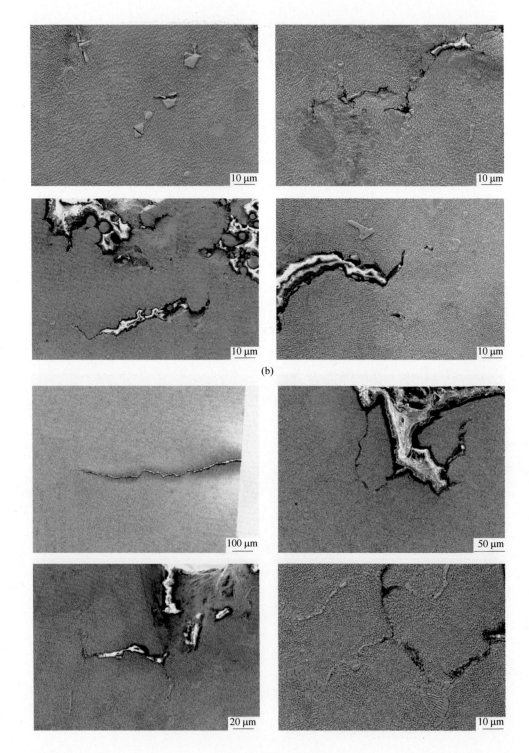

(b)

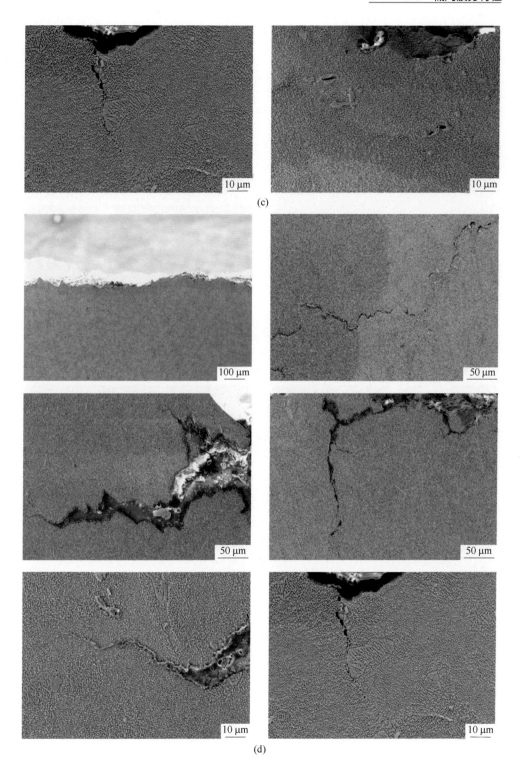

(c)

(d)

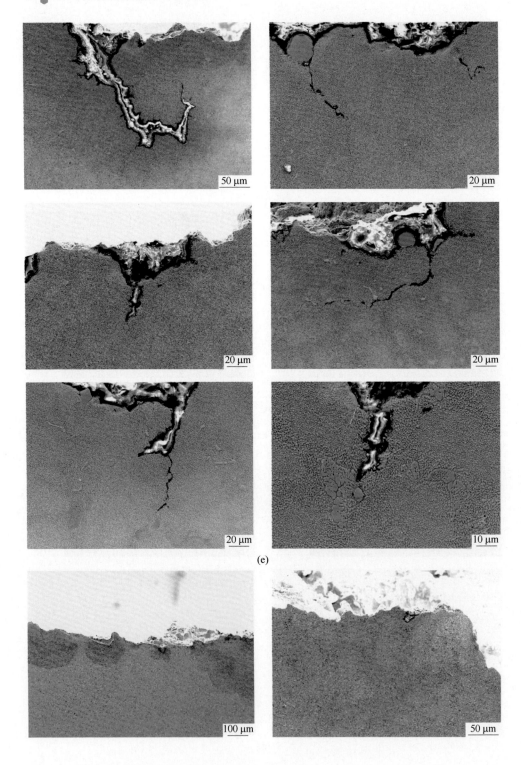

(e)

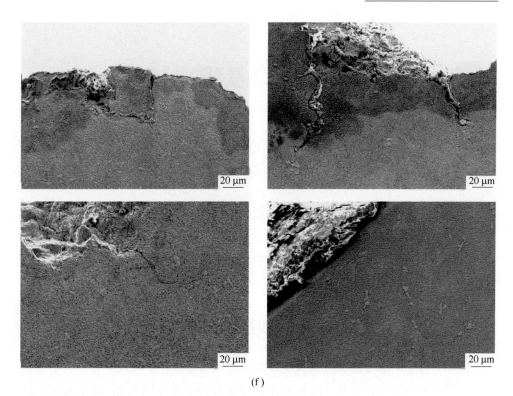

(f)

图 2.37 低周疲劳断口附近二次裂纹

（a）室温，$R_\varepsilon = 0.1$，典型二次裂纹；（b）室温，$R_\varepsilon = -1$，典型二次裂纹；

（c）750 ℃，$R_\varepsilon = 0.1$，典型二次裂纹；（d）750 ℃，$R_\varepsilon = -1$，典型二次裂纹；

（e）900 ℃，$R_\varepsilon = 0.1$，典型二次裂纹；（f）900 ℃，$R_\varepsilon = -1$，典型二次裂纹

3 K6414合金断口及组织特征

3.1 概　　述

K6414 合金是一种钴基固溶强化等轴晶铸造高温合金。该合金是在 FSX-414 合金基础上，加入适量的 Ta 元素和稀土 Y 元素发展而来。该合金最大优点是具有优异的组织稳定性、抗氧化抗热腐蚀及冷热疲劳性能，适合用于制备重型燃气轮机透平静叶等部件。

3.2　显微组织结构

K6414 合金一般不需要进行热处理，铸态可直接使用。K6414 合金为等轴晶组织，其枝晶特征见图 3.1。铸态下合金显微组织特征见图 3.2，基本显微组织由 γ 基体、MC 和 $M_{23}C_6$ 两种类型碳化物组成，MC 型碳化物主要为骨架状，$M_{23}C_6$ 型碳化物主要为网状或块状，或者与基体形成共晶结构，也存在二次析出的细小颗粒状 $M_{23}C_6$ 型碳化物。

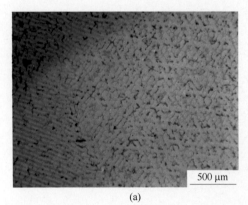
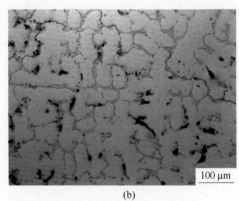

500 μm　　　　100 μm

(a)　　　　　　　　　　　　(b)

图 3.1　K6414 合金的金相显微组织——枝晶特征形貌

（a）低倍；（b）高倍

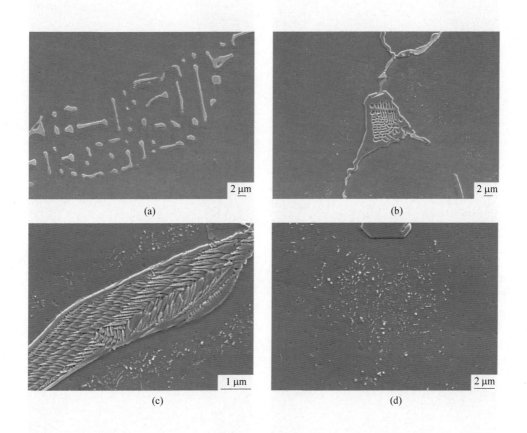

图 3.2　K6414 显微组织特征

（a）骨架 MC；（b）网状 $M_{23}C_6$；（c）$\gamma/M_{23}C_6$ 共晶；（d）小颗粒状 $M_{23}C_6$

3.3　拉 伸 特 征

3.3.1　拉伸断口特征

（1）宏观特征：100～600 ℃条件下拉伸断口基本为一个垂直轴向的断面，断口上均存在二次裂纹，断口整体宏观特征近似，拉伸断口呈明显的枝晶断裂形貌，见图3.3。

（2）微观特征：100～600 ℃断口微观特征无明显变化，不同温度下的拉伸断口呈现为沿枝晶间和晶界断裂特征，可以明显地看到枝晶间沿碳化物断裂的特

图 3.3　拉伸断口宏观形貌

(a) 100 ℃；(b) 200 ℃；(c) 300 ℃；(d) 400 ℃；(e) 500 ℃；(f) 600 ℃

征，从断口可以看到明显的枝晶和晶界形貌，见图 3.4。

3.3.2　拉伸组织特征

3.3.2.1　应力端横截面组织

不同温度下试样拉伸性能保持稳定，不同温度区间的典型显微组织如

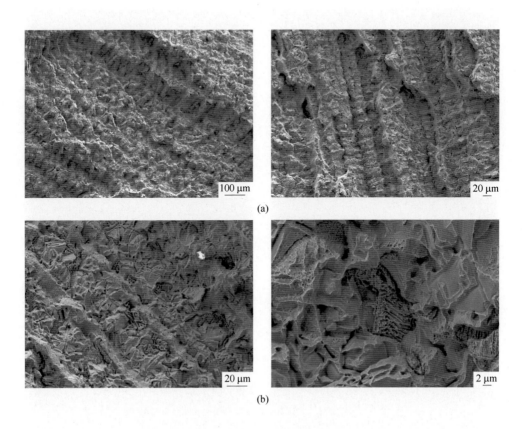

图 3.4　拉伸断口微观形貌
（a）枝晶断裂情况；（b）碳化物断裂形貌

图 3.5 所示，可以发现网状碳化物分布在基体之中，同时有较大块状碳化物存在，同时较细碳化物上可以观察到断裂情况。

3.3.2.2　应力端纵截面组织

纵截面断口处组织及距断口 1 mm 处组织见图 3.6。靠近断口处的碳化物断裂或错位严重，产生了大量的孔洞和空隙。碳化物长度方向与拉伸方向一致容易产生断裂，垂直于拉伸方向则容易沿相界开裂，形成错位。$M_{23}C_6$ 和共晶相相较于 MC 碳化物更容易断裂，断裂后产生的空隙很大。随着温度升高，断口附近的区域碳化物断裂或错位越加严重，600 ℃下可以观察到大量的孔洞，同时距离断口 1 mm 处，碳化物的断裂或错位现象也越发明显，孔洞和空隙逐渐增加。200 ℃下几乎没有孔洞和空隙，这是因为产生一个很大的二次裂纹，拉伸所产生的孔洞和空隙主要集中于此裂纹的附近区域。

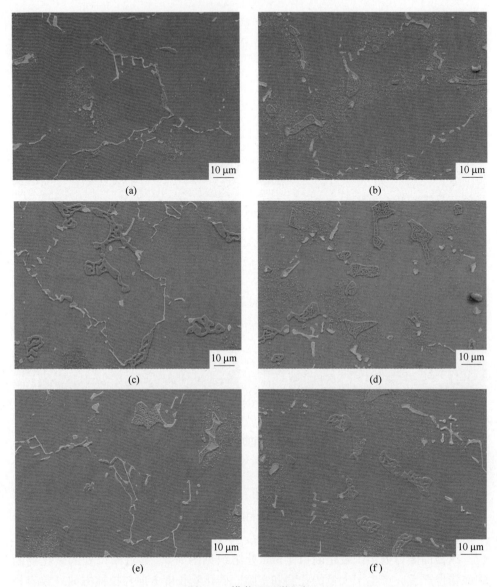

图 3.5 横截面显微组织

(a) 100 ℃；(b) 200 ℃；(c) 300 ℃；(d) 400 ℃；(e) 500 ℃；(f) 600 ℃

3.3.2.3 断口附近二次裂纹

不同温度区间下，典型二次裂纹形貌如图 3.7 所示，二次裂纹由表面向内部延伸，延伸过程中伴随着碳化物断裂情况，但是没有造成碳化物拓展，在较高温度下裂纹延伸距离较大。

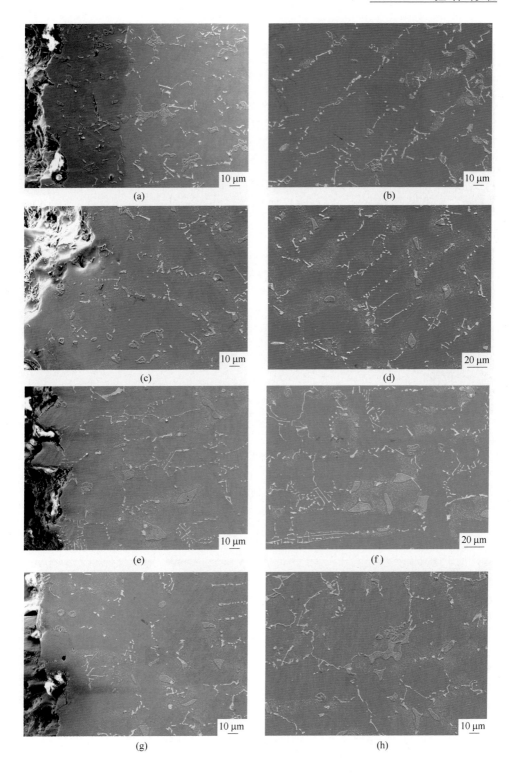

(a)

(b)

(c)

(d)

(e)

(f)

(g)

(h)

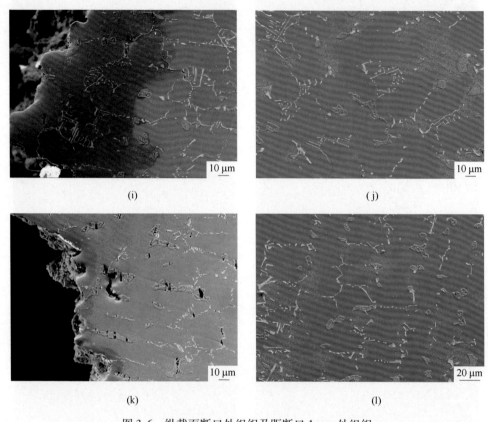

图 3.6 纵截面断口处组织及距断口 1 mm 处组织

(a) 100 ℃断口处；(b) 100 ℃距断口 1 mm 处；(c) 200 ℃断口处；(d) 200 ℃距断口 1 mm 处；

(e) 300 ℃断口处；(f) 300 ℃距断口 1 mm 处；(g) 400 ℃断口处；(h) 400 ℃距断口 1 mm 处；

(i) 500 ℃断口处；(j) 500 ℃距断口 1 mm 处；(k) 600 ℃断口处；(l) 600 ℃距断口 1 mm 处

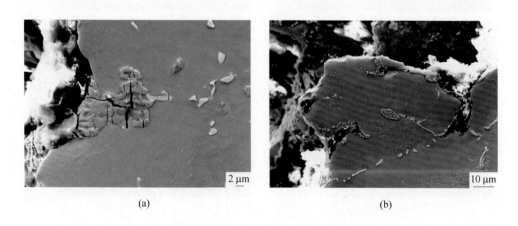

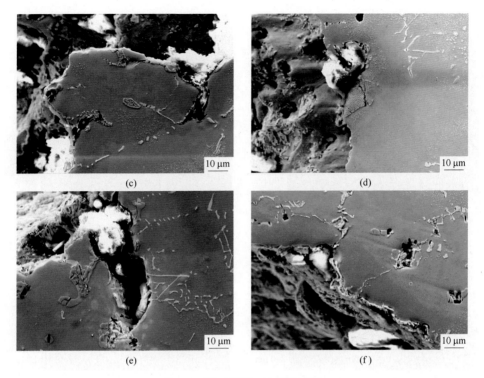

图 3.7　断口附近二次裂纹形貌
（a）100 ℃；（b）200 ℃；（c）300 ℃；（d）400 ℃；（e）500 ℃；（f）600 ℃

3.4　持　久　特　征

3.4.1　持久断口特征

（1）宏观特征：K6414 持久断口见图 3.8，相比拉伸断口，高温下的持久断口更凹凸不平。

（a）　　　　　　　　　　　　　（b）

(k)

200 μm

(l)

200 μm

(m)

200 μm

(n)

200 μm

(o)

200 μm

(p)

200 μm

(q)

200 μm

(r)

200 μm

(s)

图 3.8　持久断口宏观形貌

(a) 750 ℃/340 MPa/88 h；(b) 750 ℃/320 MPa/244 h；(c) 750 ℃/300 MPa/490 h；
(d) 750 ℃/260 MPa/1595 h；(e) 750 ℃/240 MPa/2703 h；(f) 750 ℃/220 MPa/5780 h；
(g) 750 ℃/210 MPa/9639 h；(h) 850 ℃/189 MPa/147 h；(i) 850 ℃/183 MPa/230 h；
(j) 850 ℃/177 MPa/488 h；(k) 850 ℃/160 MPa/1003 h；(l) 850 ℃/150 MPa/2924 h；
(m) 850 ℃/145 MPa/4591 h；(n) 900 ℃/156 MPa/65 h；(o) 900 ℃/144 MPa/180 h；
(p) 900 ℃/134 MPa/527 h；(q) 900 ℃/122 MPa/954 h；(r) 900 ℃/114 MPa/2427 h；
(s) 900 ℃/95 MPa/6839 h

（2）微观断口特征：K6414 合金高温持久断口微观特征见图 3.9。主要为沿枝晶间断裂或者韧窝断裂的特征，750 ℃存在一些沿解理平面断裂形貌。温度越高，持久时间越长，沿枝晶间断裂特征越少，韧窝断裂特征越多。枝晶间或韧窝断裂位置基本为碳化物所在处。

(a)

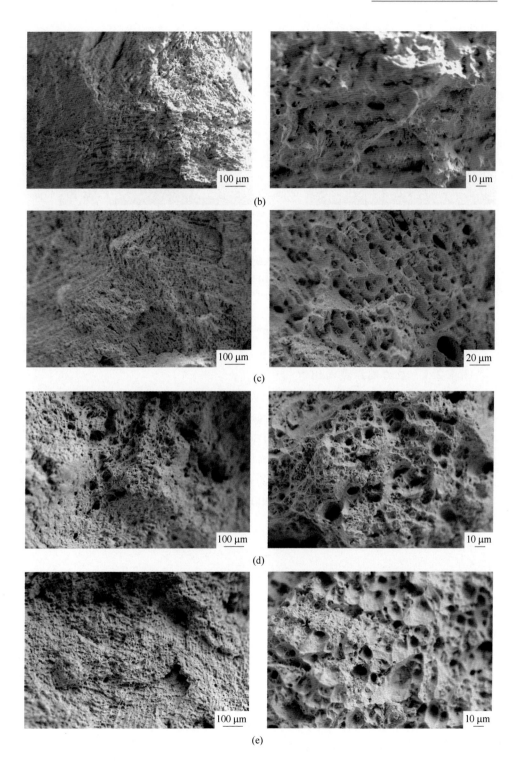

(b)

(c)

(d)

(e)

(f)

图 3.9　持久断口微观形貌

(a) 750 ℃/340 MPa/88 h；(b) 750 ℃/210 MPa/9639 h；(c) 850 ℃/189 MPa/147 h；
(d) 850 ℃/145 MPa/4591 h；(e) 900 ℃/156 MPa/65 h；(f) 900 ℃/95 MPa/6839 h

3.4.2　持久组织特征

3.4.2.1　应力端纵截面组织

断口附近的纵截面组织见图 3.10。发现一些试样断口附近的孔洞很多，均出现在碳化物位置，在碳化物内部或者碳化物与基体的边界开裂形成孔洞。应力越高，持久时间越长，孔洞越多，但应力高时持久时间短，应力低时持久时间长，孔洞的出现受到二者的共同影响。随应力降低/持久时间增加，750 ℃孔洞为先减少，后增多，之后再减少的规律；850 ℃孔洞也为先减少，后增多，之后再减少的规律；900 ℃只有 900 ℃/156 MPa/65 h 样品孔洞较多，其他样品均比较少。

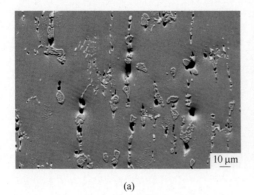
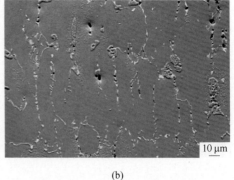

(a)　　　　　　　　　　　　　　　　　　(b)

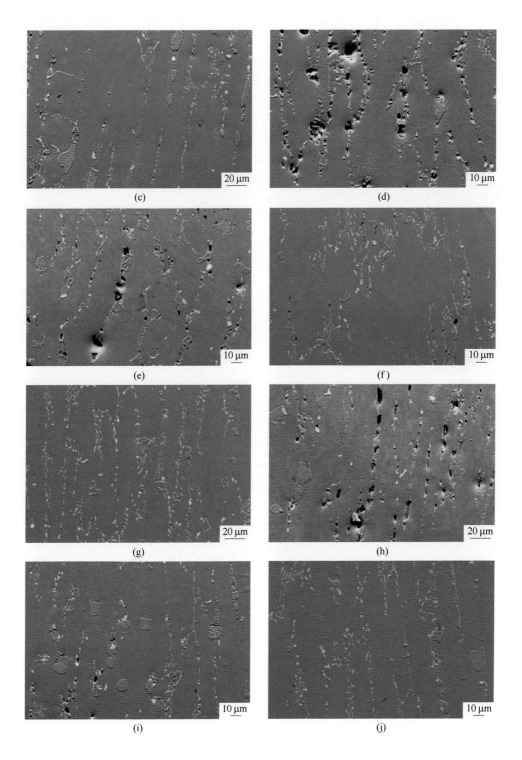

(c)

(d)

(e)

(f)

(g)

(h)

(i)

(j)

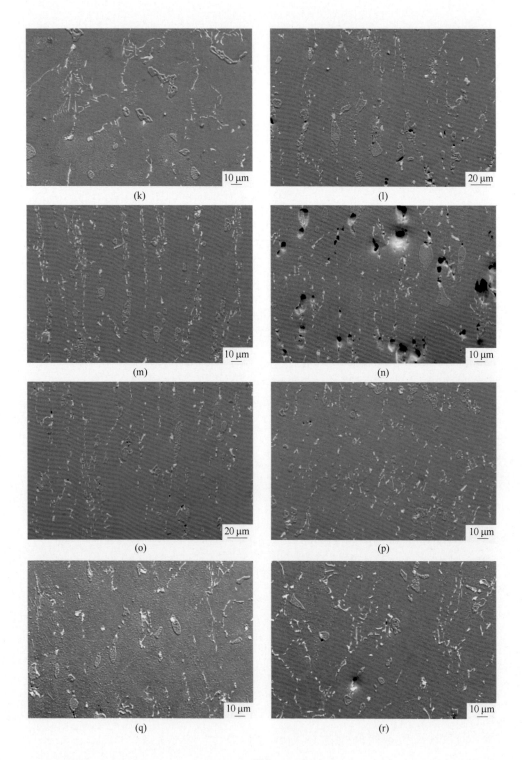

(k)

(l)

(m)

(n)

(o)

(p)

(q)

(r)

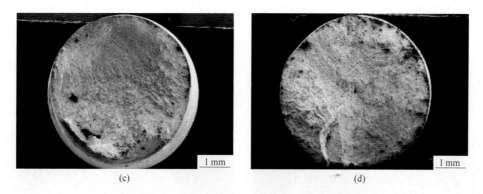

图 3.12　750 ℃，$R=0.1$ 下高周疲劳断口宏观形貌

（a）$\sigma_{max}=460$ MPa，$N_f=1079317$；（b）$\sigma_{max}=490$ MPa，$N_f=6236$；

（c）$\sigma_{max}=430$ MPa，$N_f=16032$；（d）$\sigma_{max}=460$ MPa，$N_f=20470$

（2）微观断口特征：由高倍观察来看，裂纹扩展区较为平整，且扩展区的每一刻所占面积较小。而在更高的倍数下，在其他试样区域可以看到破碎的碳化物分布，如图 3.13 所示。

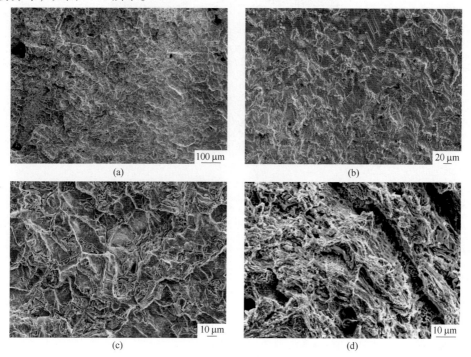

图 3.13　750 ℃，$R=0.1$ 下高周疲劳断口微观形貌

（a）$\sigma_{max}=460$ MPa，$N_f=1079317$，裂纹扩展区；（b）$\sigma_{max}=430$ MPa，$N_f=16032$，裂纹扩展区；

（c）$\sigma_{max}=460$ MPa，$N_f=1079317$，破碎碳化物；（d）$\sigma_{max}=430$ MPa，$N_f=16032$，破碎碳化物

3.5.1.2　900 ℃，$R=0.1$

（1）宏观特征：可以看到 900 ℃，$R=0.1$ 高周疲劳试样断口表面呈枝晶形貌分布，裂纹源区由试样表面边缘处开始扩展，$\sigma_{max}=287.5$ MPa 试样表面有明显凸起，如图 3.14 所示。

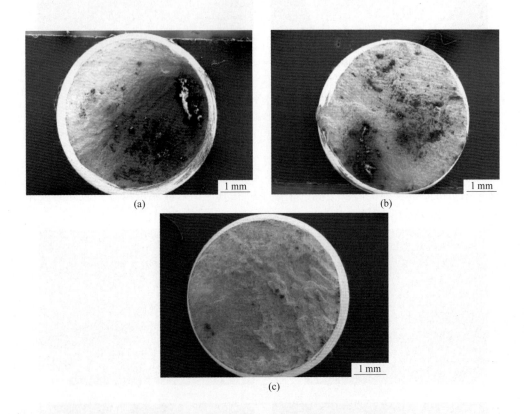

图 3.14　900 ℃，$R=0.1$ 下高周疲劳断口宏观形貌

(a) $\sigma_{max}=300$ MPa，$N_f=1742301$；(b) $\sigma_{max}=287.5$ MPa，$N_f=5669942$；

(c) $\sigma_{max}=350$ MPa，$N_f=541516$

（2）微观特征：由高倍显微镜倍数下观察可以得到，裂纹扩展区较为平整，而在其他区域断口表面呈明显的枝晶状分布，可以观察到明显的碳化物沿枝晶破碎的形貌，如图 3.15 所示。

3.5.1.3　室温，$R=0.1$

（1）宏观断口特征：在室温，$R=0.1$ 条件下的高周疲劳试样断口呈枝晶分布形貌，裂纹源区以心部、断口表面边缘处分布为主，裂纹扩展区所占面积不大，$\sigma_{max}=650$ MPa 可以看见明显的裂纹存在，如图 3.16 所示。

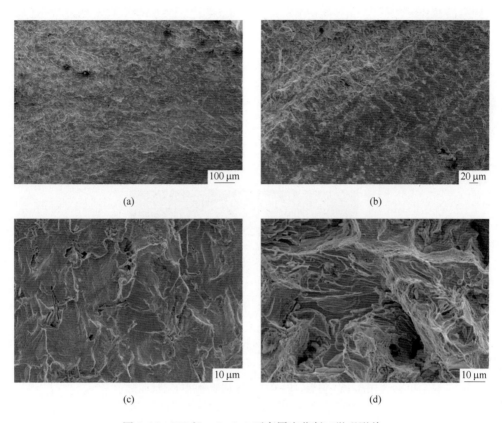

图 3.15 900 ℃，$R = 0.1$ 下高周疲劳断口微观形貌

（a）（b）$\sigma_{max} = 300$ MPa，$N_f = 1742301$，裂纹扩展区；

（c）（d）$\sigma_{max} = 287.5$ MPa，$N_f = 5669942$，含碳化物断口处

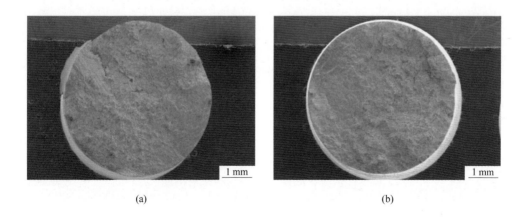

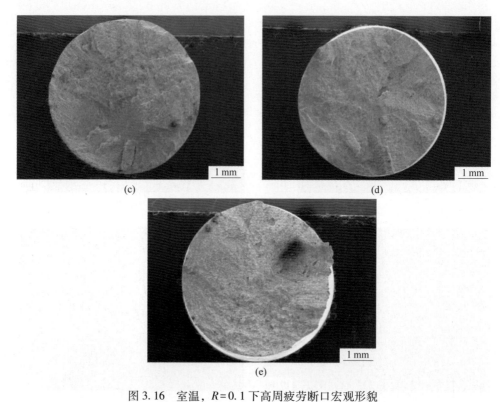

(c)　　　　　　　　　　　　　　　　(d)

(e)

图 3.16　室温，$R=0.1$ 下高周疲劳断口宏观形貌

（a）$\sigma_{max}=650$ MPa，$N_f=98861$；（b）$\sigma_{max}=470$ MPa，$N_f=7298787$；

（c）$\sigma_{max}=550$ MPa，$N_f=2790085$；（d）$\sigma_{max}=600$ MPa，$N_f=106954$；

（e）$\sigma_{max}=490$ MPa，$N_f=2406918$

（2）微观断口特征：可以看到裂纹扩展区较为平整，在高倍显微镜观察下呈阶梯状分布，其中穿插部分截断式裂纹存在，也可以看到破碎的碳化物存在于其中，如图 3.17 所示。

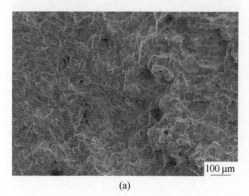

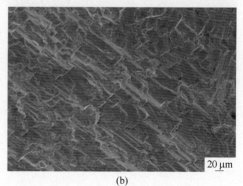

(a)　　　　　　　　　　　　　　　　(b)

图 3.17 室温，$R=0.1$ 下高周疲劳断口微观形貌

（a）$\sigma_{max}=470$ MPa，$N_f=7298787$，裂纹扩展区低倍；（b）$\sigma_{max}=650$ MPa，$N_f=98861$，裂纹扩展区低倍；

（c）$\sigma_{max}=470$ MPa，$N_f=7898787$，裂纹扩展区高倍；（d）$\sigma_{max}=470$ MPa，$N_f=7298787$，裂纹扩展区高倍

3.5.1.4　750 ℃，$R=-1$

（1）宏观断口特征：经过 750 ℃，$R=-1$ 条件下的高周疲劳试样断口可以看出沿轴向垂直断裂形成，凸起并不明显，表面总体较为平整，$\sigma_{max}=360$ MPa 呈现两种形貌，如图 3.18 所示。

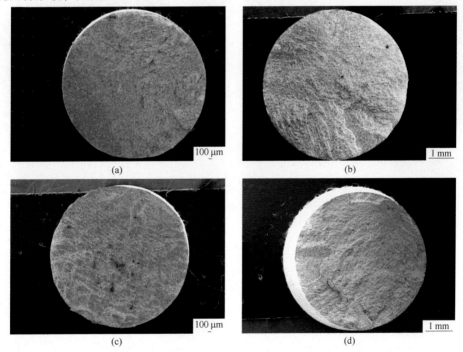

图 3.18 750 ℃，$R=-1$ 下高周疲劳断口宏观形貌

（a）$\sigma_{max}=360$ MPa，$N_f=5607$；（b）$\sigma_{max}=315$ MPa，$N_f=768275$；

（c）$\sigma_{max}=330$ MPa，$N_f=17860$；（d）$\sigma_{max}=330$ MPa，$N_f=411325$

（2）微观断口特征：高倍显微镜下可以看到分布在试样表面边缘处的源区心部和扩展区的形貌，总体较为平整，可以看到较大块、破碎状的碳化物分布在其表面，且表面氧化较严重，如图 3.19 所示。

图 3.19　750 ℃，$R=-1$ 下高周疲劳断口微观形貌

（a）$\sigma_{max}=315$ MPa，$N_f=768275$，裂纹源区；（b）$\sigma_{max}=330$ MPa，$N_f=17860$，裂纹源区；
（c）$\sigma_{max}=330$ MPa，$N_f=17860$，裂纹扩展区；（d）$\sigma_{max}=360$ MPa，$N_f=5607$，裂纹扩展区

3.5.1.5　900 ℃，$R=-1$

（1）宏观断口特征：经过 900 ℃，$R=-1$ 条件下的高周疲劳试样断口表面呈明显的枝晶状形貌分布，裂纹源分布在其边缘处，扩展区所占面积不大，$\sigma_{max}=250$ MPa 表面呈现交错的柱状向一个方向延伸，如图 3.20 所示。

（2）微观断口特征：其表面可以看到明显的枝晶分布与晶界分布，在扩展区可以看到较长的、沿晶界分布的裂纹延伸，氧化物发生了颗粒沉积现象，如图 3.21 所示。

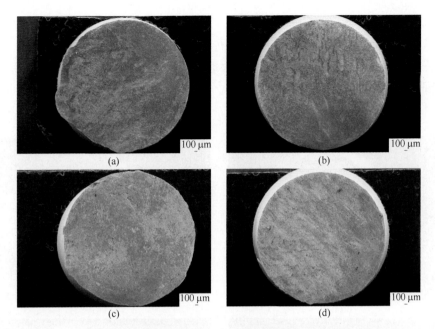

图 3.20　900 ℃，$R=-1$ 下高周疲劳断口宏观形貌

（a）$\sigma_{max}=200$ MPa，$N_f=7187204$；（b）$\sigma_{max}=220$ MPa，$N_f=1735502$；

（c）$\sigma_{max}=235$ MPa，$N_f=88457$；（d）$\sigma_{max}=250$ MPa，$N_f=48300$

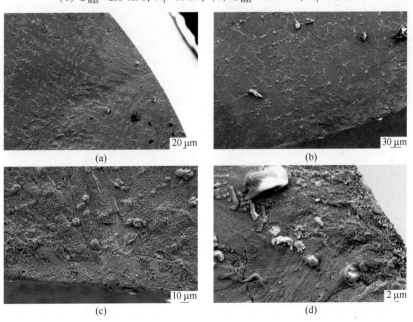

图 3.21　900 ℃，$R=-1$ 下高周疲劳断口微观形貌

（a）$\sigma_{max}=200$ MPa，$N_f=7187204$，裂纹扩展区；（b）$\sigma_{max}=220$ MPa，$N_f=1735502$，裂纹扩展区；

（c）$\sigma_{max}=235$ MPa，$N_f=88457$，延伸裂纹；（d）$\sigma_{max}=200$ MPa，$N_f=7187204$，延伸裂纹

3.5.1.6　室温，$R=-1$

（1）宏观断口特征：室温，$R=-1$ 高周疲劳试样断口表面斜刻区存在，其所占面积并不大，$\sigma_{max}=315$ MPa 可见较大裂纹延伸现象存在，裂纹源基本都分布在表面边缘区域，如图 3.22 所示。

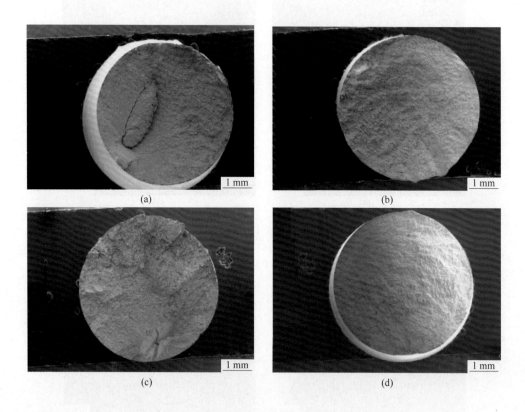

图 3.22　室温，$R=-1$ 下高周疲劳断口宏观形貌

（a）$\sigma_{max}=315$ MPa，$N_f=8005821$；　（b）$\sigma_{max}=500$ MPa，$N_f=187331$；

（c）$\sigma_{max}=400$ MPa，$N_f=3745617$；　（d）$\sigma_{max}=450$ MPa，$N_f=1814576$

（2）微观断口特征：裂纹源以试样表面边缘部的区域为起始区域进行扩展，部分以层叠状形成裂纹扩展区，表面有氧化物分布于边缘处，如图 3.23 所示。

3.5.1.7　950 ℃，$R=0.1$

（1）宏观断口特征：950 ℃，$R=0.1$ 高周疲劳试样断口表面较为平整，$\sigma_{max}=280$ MPa 表面呈现两种形貌分布，裂纹源区分布于整体较为平整区域。由平整区域向凹凸不平区域进行扩展，如图 3.24 所示。

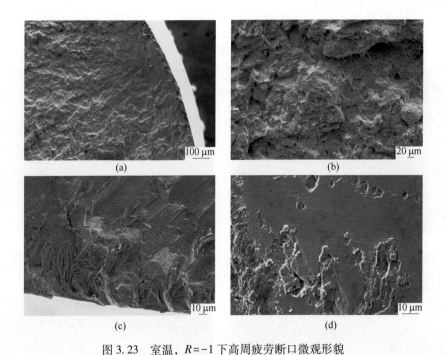

图 3.23　室温，$R=-1$ 下高周疲劳断口微观形貌

（a）（b）$\sigma_{max}=450$ MPa，$N_f=1814576$，裂纹扩展区；

（c）$\sigma_{max}=500$ MPa，$N_f=187331$，边缘氧化物；（d）$\sigma_{max}=400$ MPa，$N_f=3745617$，边缘氧化物

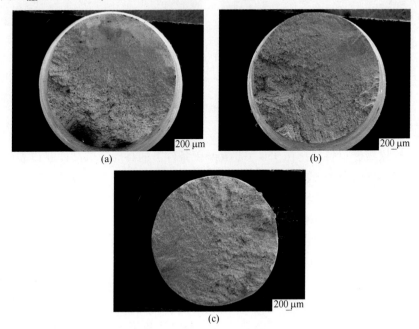

图 3.24　950 ℃，$R=0.1$ 下高周疲劳断口宏观形貌

（a）$\sigma_{max}=210$ MPa，$N_f=8190000$；（b）$\sigma_{max}=240$ MPa，$N_f=4510000$；（c）$\sigma_{max}=280$ MPa，$N_f=851000$

（2）微观断口特征：裂纹扩展区较为平整，可以看到表面有明显枝晶状分布，表面可以看到明显的晶界分布，氧化物团聚分布在表面，如图 3.25 所示。

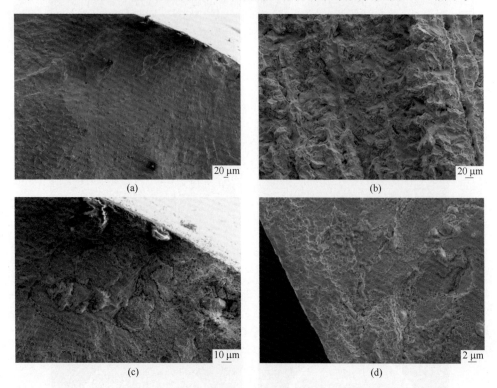

图 3.25   950 ℃，$R = 0.1$ 下高周疲劳断口微观形貌

（a）$\sigma_{max} = 210$ MPa，$N_f = 8190000$，裂纹扩展区；（b）$\sigma_{max} = 240$ MPa，$N_f = 4510000$，裂纹扩展区；
（c）$\sigma_{max} = 210$ MPa，$N_f = 8190000$，表面氧化物；（d）$\sigma_{max} = 280$ MPa，$N_f = 851000$，表面氧化物

3.5.1.8   950 ℃，$R = -1$

（1）宏观断口特征：在 950 ℃，$R = -1$ 条件下的高周疲劳试样断口表面总体平整，$\sigma_{max} = 160$ MPa 试样表面呈层峦状分布，$\sigma_{max} = 180$ MPa 表面呈两种形貌。裂纹源区都分布在各自较平整区域，如图 3.26 所示。

（2）微观特征：高倍显微镜下断口表面存在小刻区，存在水流状分布形貌。存在较小冶金缺陷，裂纹扩展区较为平整，如图 3.27 所示。

3.5.1.9   综合分析

综合室温、750 ℃、900 ℃、950 ℃ 在不同最大应力情况下的轴向高周疲劳断口，可得出 K6414 合金高周疲劳断口的特征及规律：

（1）断口表面呈轴向垂直断裂，多为平整状断裂，大部分断口都可以明显观察到源区、扩展区形貌，而源区和扩展区也基本分布在平整区域内。

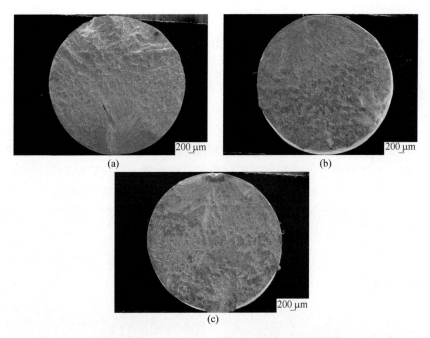

图 3.26　950 ℃，$R=-1$ 下高周疲劳断口宏观形貌

（a）$\sigma_{max}=160$ MPa，$N_f=3130000$；（b）$\sigma_{max}=180$ MPa，$N_f=724000$；（c）$\sigma_{max}=200$ MPa，$N_f=185000$

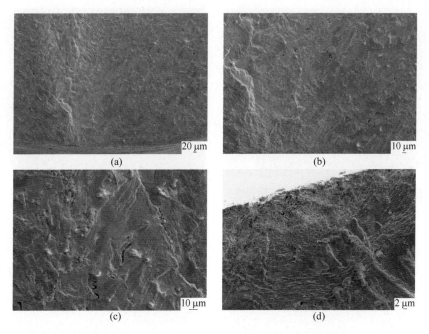

图 3.27　950 ℃，$R=-1$ 下高周疲劳断口微观形貌

（a）～（c）$\sigma_{max}=160$ MPa，$N_f=3130000$；（d）$\sigma_{max}=180$ MPa，$N_f=724000$

（2）断口扩展区多以层叠状向外扩展，其他区域则以典型枝晶状分布，并且在低倍下便可观察到枝晶形貌及晶界分布。

（3）断口多呈银白金属色。

3.5.2　高周疲劳组织特征

3.5.2.1　应力端横截面

不同温度下与最大应力状态下的金相横截面如图 3.28 所示，都呈现明显的枝晶形貌，晶界清晰可见，部分试样存在共晶碳化物，且在碳化物周围存在大量析出相包围其中，碳化物保持完整形态，未见晶界增粗或碳化物退化的情况。

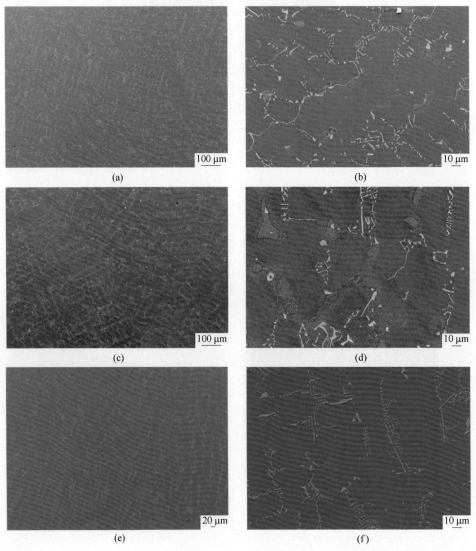

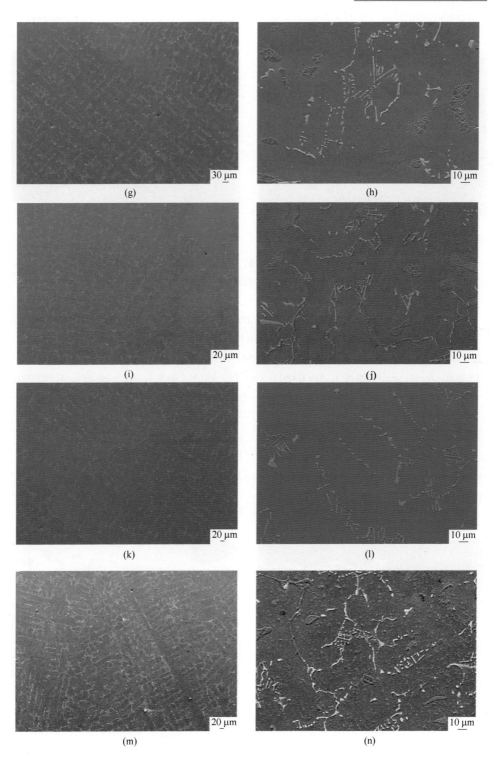

(g)

(h)

(i)

(j)

(k)

(l)

(m)

(n)

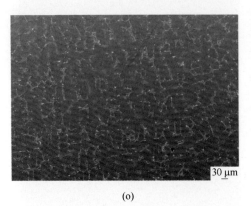 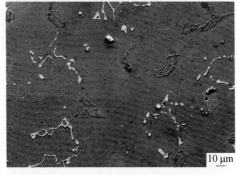

30 μm　　　　　　　　　　　10 μm

　　　　　(o)　　　　　　　　　　　　　　　　(p)

图 3.28　不同温度、应力比高周疲劳应力端横截面枝晶、晶界形貌

(a)（b）750 ℃, $R=0.1$, $\sigma_{max}=460$ MPa, $N_f=1079317$;

(c)（d）900 ℃, $R=0.1$, $\sigma_{max}=300$ MPa, $N_f=1742301$;

(e) 室温, $R=0.1$, $\sigma_{max}=650$ MPa, $N_f=98861$;（f）室温, $R=0.1$, $\sigma_{max}=470$ MPa, $N_f=7298787$;

(g) 750 ℃, $R=-1$, $\sigma_{max}=330$ MPa, $N_f=411325$;（h）750 ℃, $R=-1$, $\sigma_{max}=330$ MPa, $N_f=17860$;

(i)（j）900 ℃, $R=-1$, $\sigma_{max}=200$ MPa, $N_f=7187204$;（k）室温, $R=-1$, $\sigma_{max}=500$ MPa, $N_f=187331$;

(l) 室温, $R=-1$, $\sigma_{max}=400$ MPa, $N_f=3745617$;（m）（n）950 ℃, $R=0.1$, $\sigma_{max}=280$ MPa, $N_f=851000$;

(o) 950 ℃, $R=-1$, $\sigma_{max}=200$ MPa, $N_f=185000$;（p）950 ℃, $R=-1$, $\sigma_{max}=160$ MPa, $N_f=3130000$

3.5.2.2　应力端纵截面

　　在高周疲劳条件下, 应力端纵截面可以看到枝晶形貌分布的碳化物, 偶有二次裂纹萌生在断口边缘, 碳化物形貌以枝晶形貌、条状形貌、网状形貌为主, 如图 3.29 所示。

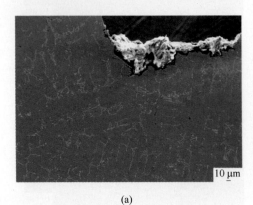 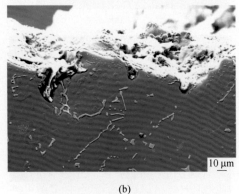

10 μm　　　　　　　　　　　10 μm

　　　　　(a)　　　　　　　　　　　　　　　　(b)

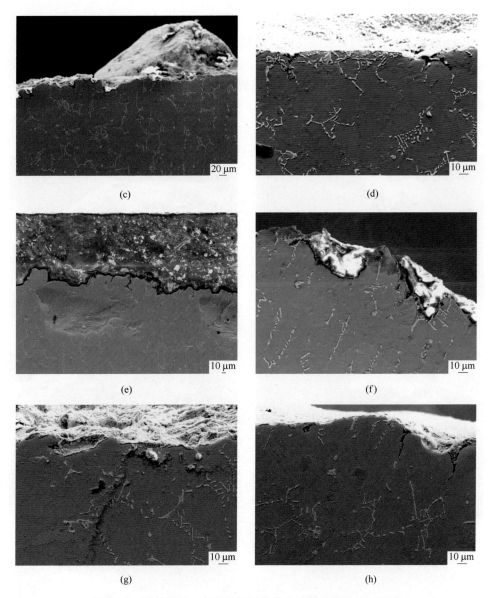

图 3.29 不同温度、应力比高周疲劳应力端纵截面组织形貌

（a）750 ℃，$R=0.1$，$\sigma_{max}=460$ MPa，$N_f=1079317$；（b）750 ℃，$R=-1$，$\sigma_{max}=360$ MPa，$N_f=5607$；

（c）900 ℃，$R=0.1$，$\sigma_{max}=300$ MPa，$N_f=1742301$；（d）900 ℃，$R=-1$，$\sigma_{max}=220$ MPa，$N_f=1735502$；

（e）室温，$R=0.1$，$\sigma_{max}=470$ MPa，$N_f=7298787$；（f）室温，$R=-1$，$\sigma_{max}=315$ MPa，$N_f=8005821$；

（g）950 ℃，$R=0.1$，$\sigma_{max}=210$ MPa，$N_f=8190000$；（h）950 ℃，$R=-1$，$\sigma_{max}=180$ MPa，$N_f=724000$

3.5.2.3 断口附近裂纹及组织

在不同的温度条件下，二次裂纹大多都由试样边缘处开始萌生扩展至内部，除多数的条状结构外，部分如 900 ℃，$R = 0.1$ 条件下以孔洞状形式扩展。在室温，$R = 0.1$ 条件下有较大裂纹扩展，且扩展范围贯穿试样部分区域，在肉眼下可以观察到。裂纹扩展条件除由断口边缘、试样边缘开始外，也存在内部产生并发生扩展的现象。总体上观察二次裂纹扩展有限，并未进入试样内部，如图 3.30 所示。

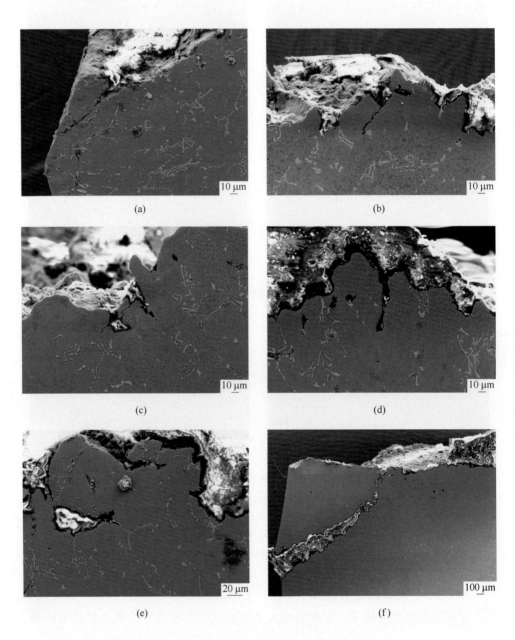

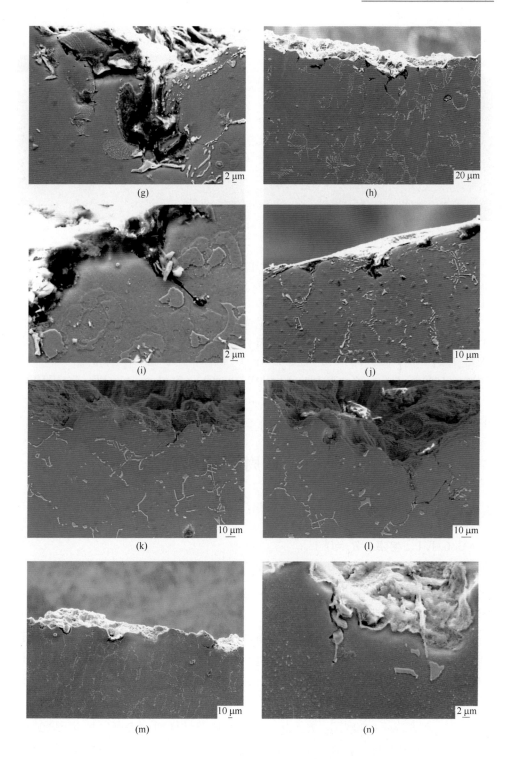

(g)

(h)

(i)

(j)

(k)

(l)

(m)

(n)

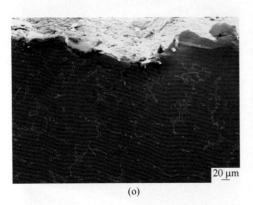 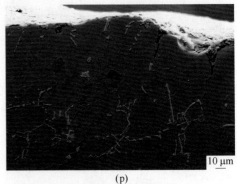

20 μm

10 μm

(o)　　　　　　　　　　　　　　　　(p)

图 3.30　不同条件下典型二次裂纹形貌

(a) 750 ℃，$R = 0.1$，$\sigma_{max} = 460$ MPa，$N_f = 1079317$；(b) 750 ℃，$R = 0.1$，$\sigma_{max} = 460$ MPa，$N_f = 20470$；

(c) (d) 900 ℃，$R = 0.1$，$\sigma_{max} = 287.5$ MPa，$N_f = 5669942$；(e) (f) 室温，$R = 0.1$，$\sigma_{max} = 650$ MPa，$N_f = 98861$；

(g) 750 ℃，$R = -1$，$\sigma_{max} = 330$ MPa，$N_f = 17860$；(h) 750 ℃，$R = -1$，$\sigma_{max} = 315$ MPa，$N_f = 768275$；

(i) 900 ℃，$R = -1$，$\sigma_{max} = 200$ MPa，$N_f = 7187204$；(j) 900 ℃，$R = -1$，$\sigma_{max} = 220$ MPa，$N_f = 1735502$；

(k) 室温，$R = -1$，$\sigma_{max} = 315$ MPa，$N_f = 8005821$；(l) 室温，$R = -1$，$\sigma_{max} = 450$ MPa，$N_f = 1814576$；

(m) (n) 950 ℃，$R = 0.1$，$\sigma_{max} = 280$ MPa，$N_f = 851000$；(o) 950 ℃，$R = -1$，$\sigma_{max} = 160$ MPa，$N_f = 3130000$；

(p) 950 ℃，$R = -1$，$\sigma_{max} = 180$ MPa，$N_f = 724000$

3.6　低周疲劳特征

3.6.1　低周疲劳断口特征

3.6.1.1　室温，$R_\varepsilon = 0.1$

（1）宏观特征：室温下低周疲劳断口呈现银白色金属光泽，断口表面的二次裂纹可以明显看到沿晶界扩展，部分裂纹肉眼可见，表面以枝晶形貌为主，如图 3.31 所示。

（2）微观特征：可以看到裂纹源由试样断口表面边缘处开始扩展延伸，扩展区起伏较大，并且可以沿途在高倍显微镜下观察到沿晶界分布的碳化物及破碎的碳化物形貌，如图 3.32 所示。

3.6.1.2　900 ℃，$R_\varepsilon = 0.1$

（1）宏观特征：900 ℃，$R_\varepsilon = 0.1$ 的低周疲劳试样断口表面以枝晶形貌分布为主，整体有起伏现象存在，斜刻区所占区域并不大，有部分肉眼可见的二次裂

图 3.31　室温，$R_\varepsilon = 0.1$ 下低周疲劳断口宏观形貌

（a）$\varepsilon_{max} = 0.889\%$，$N_f = 174$；（b）$\varepsilon_{max} = 0.778\%$，$N_f = 305$；（c）$\varepsilon_{max} = 0.667\%$，$N_f = 2036$；

（d）$\varepsilon_{max} = 0.667\%$，$N_f = 1221$；（e）$\varepsilon_{max} = 0.667\%$，$N_f = 3260$

纹存在于表面，如图 3.33 所示。

（2）微观特征：900 ℃，$R_\varepsilon = 0.1$ 的低周疲劳试样断口微观特征以沟壑状形貌为主，沿途可见破碎的碳化物存在于其壁上。同时部分长度较短的二次裂纹以不同的扩展方式存在于壁上，如图 3.34 所示。

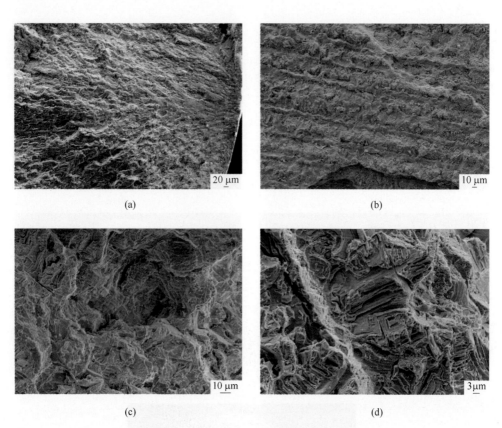

(a) (b)

(c) (d)

图 3.32 室温，$R_\varepsilon = 0.1$ 下低周疲劳断口微观形貌

（a）$\varepsilon_{max} = 0.889\%$，$N_f = 174$，裂纹源区；（b）$\varepsilon_{max} = 0.778\%$，$N_f = 305$，裂纹源区；

（c）（d）$\varepsilon_{max} = 0.667\%$，$N_f = 2036$，裂纹扩展区

(a) (b)

图 3.33 900 ℃，$R_\varepsilon = 0.1$ 下低周疲劳断口宏观形貌

（a）$\varepsilon_{max} = 0.004\%$，$N_f = 1931$；（b）$\varepsilon_{max} = 0.006\%$，$N_f = 800$

图 3.34　900 ℃，$R_\varepsilon = 0.1$ 下低周疲劳断口微观形貌

(a)(b) $\varepsilon_{max} = 0.004\%$，$N_f = 1931$，低倍组织；

(c)(d) $\varepsilon_{max} = 0.004\%$，$N_f = 1931$，高倍组织

3.6.1.3　室温，$R_\varepsilon = -1$

（1）宏观特征：室温，$R_\varepsilon = -1$ 的低周疲劳试样断口宏观特征以表面较平整为主，表面可观察到较为明显的枝晶形貌存在，同时存在较少的肉眼可观察到的二次裂纹，裂纹源区存在于表面的边缘处，如图 3.35 所示。

（2）微观特征：室温，$R_\varepsilon = -1$ 的低周疲劳试样断口从微观角度来看可以看到部分二次裂纹以截断式、曲线式延伸并存在于其表面，表面存在台阶状形貌，破碎的碳化物分布于其表面，如图 3.36 所示。

3.6.1.4　750 ℃，$R_\varepsilon = 0.1$

（1）宏观特征：在 750 ℃，$R_\varepsilon = 0.1$ 条件下的低周疲劳试样断口可见为轴向

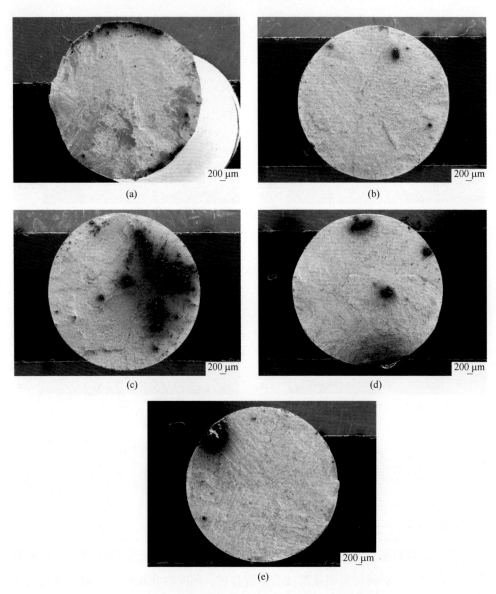

图 3.35　室温，$R_\varepsilon = -1$ 下低周疲劳断口宏观形貌

（a）$\varepsilon_{max} = 0.600\%$，$N_f = 200$；（b）$\varepsilon_{max} = 0.500\%$，$N_f = 499$；

（c）$\varepsilon_{max} = 0.300\%$，$N_f = 46451$；（d）$\varepsilon_{max} = 0.200\%$，$N_f = 169765$；

（e）$\varepsilon_{max} = 0.200\%$，$N_f = 89012$

垂直断裂特征，断口表面有起伏，斜刻区域存在面积不大，在部分区域下可见枝晶形貌，未见明显裂纹源扩展，如图 3.37 所示。

图 3.36 室温，$R_\varepsilon = -1$ 下低周疲劳断口微观形貌

（a）（b）$\varepsilon_{max} = 0.500\%$，$N_f = 499$，部分二次裂纹；

（c）$\varepsilon_{max} = 0.500\%$，$N_f = 499$，破碎碳化物；（d）$\varepsilon_{max} = 0.300\%$，$N_f = 46451$，破碎碳化物

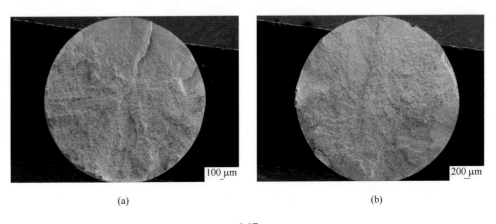

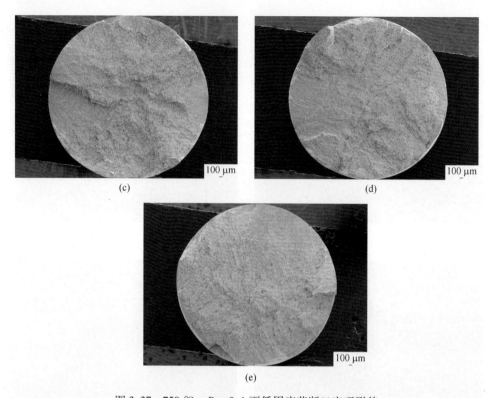

(c)
(d)
(e)

图 3.37 750 ℃，$R_{\varepsilon} = 0.1$ 下低周疲劳断口宏观形貌

（a）$\varepsilon_{max} = 0.006\%$，$N_f = 6000$；（b）$\varepsilon_{max} = 0.007\%$，$N_f = 918$；

（c）$\varepsilon_{max} = 0.008\%$，$N_f = 100$；（d）$\varepsilon_{max} = 0.009\%$，$N_f = 100$；

（e）$\varepsilon_{max} = 0.009\%$，$N_f = 134$

（2）微观特征：在 750 ℃，$R_{\varepsilon} = 0.1$ 条件下的低周疲劳试样断口微观形貌呈现典型的树枝晶形貌，并且可以看见许多截断式二次裂纹在枝晶上扩展存在。方向各异，形状以条状为主，如图 3.38 所示。

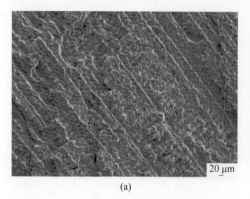
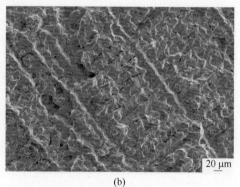

(a)
(b)

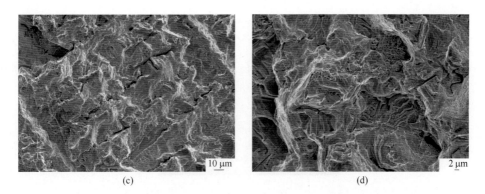

(c) 10 μm   (d) 2 μm

图 3.38 750 ℃，$R_\varepsilon = 0.1$ 下低周疲劳断口微观形貌

（a）（b）$\varepsilon_{max} = 0.007\%$，$N_f = 918$，树枝晶形貌；

（c）（d）$\varepsilon_{max} = 0.007\%$，$N_f = 918$，截断式二次裂纹

3.6.1.5 950 ℃，$R_\varepsilon = 0.1$

（1）宏观特征：在 950 ℃，$R_\varepsilon = 0.1$ 条件下的低周疲劳试样断口斜刻区所占面积较大，为 10%~35%，在断口表面凸起部分和平整部分的交界处可观察到明显的裂纹沿接触区域延伸存在，如图 3.39 所示。

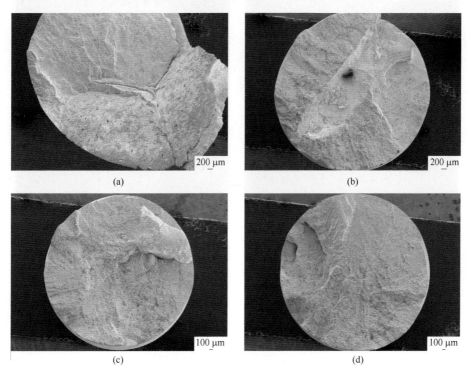

(a) 200 μm   (b) 200 μm

(c) 100 μm   (d) 100 μm

(e)

图 3.39　950 ℃，R_ε=0.1 下低周疲劳断口宏观形貌

（a）ε_{max}=0.004%，N_f=116；（b）ε_{max}=0.006%，N_f=108；（c）ε_{max}=0.007%，N_f=313；

（d）ε_{max}=0.008%，N_f=200；（e）ε_{max}=0.008%，N_f=400

（2）微观特征：在 950 ℃，R_ε=0.1 条件下的低周疲劳试样断口微观形貌以枝晶形貌为主，裂纹扩展区较为平整，在高倍下可观察到较大的二次裂纹和许多细小的二次裂纹存在，如图 3.40 所示。

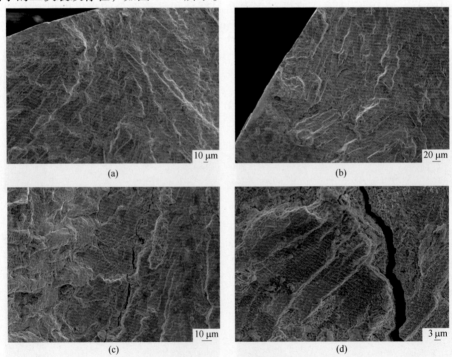

图 3.40　950 ℃，R_ε=0.1 下低周疲劳断口微观形貌

（a）（b）ε_{max}=0.008%，N_f=200，裂纹源区；

（c）（d）ε_{max}=0.008%，N_f=200，二次裂纹

3.6.1.6 750 ℃，$R_\varepsilon = -1$

（1）宏观特征：750 ℃，$R_\varepsilon = -1$ 的低周疲劳试样断口宏观形貌以枝晶形貌为主，部分可见明显的二次裂纹存在表面，斜刻区存在所占面积较大，整体有较大凸起所占面积不大，如图 3.41 所示。

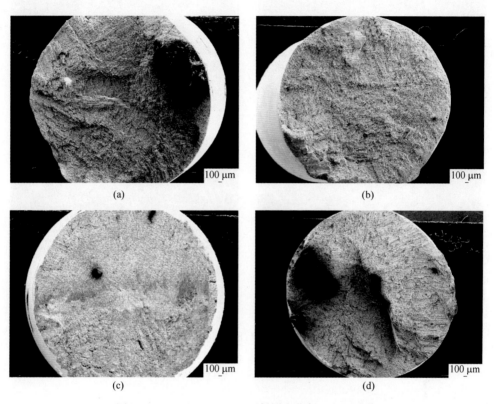

(a)　　　　　　　　　　　　(b)

(c)　　　　　　　　　　　　(d)

图 3.41　750 ℃，$R_\varepsilon = -1$ 下低周疲劳断口宏观形貌

（a）$\varepsilon_{max} = 0.600\%$，$N_f = 210$；（b）$\varepsilon_{max} = 0.300\%$，$N_f = 2188$；

（c）$\varepsilon_{max} = 0.300\%$，$N_f = 3128$；（d）$\varepsilon_{max} = 0.200\%$，$N_f = 32438$

（2）微观特征：在 750 ℃，$R_\varepsilon = -1$ 条件下的低周疲劳试样断口微观以枝晶、二次裂纹、破碎的碳化物存在为主要特征，部分可见较大的条状、坑状的二次裂纹形貌。碳化物以横截断式为主，如图 3.42 所示。

3.6.1.7 900 ℃，$R_\varepsilon = -1$

（1）宏观特征：在 900 ℃，$R_\varepsilon = -1$ 条件下的低周疲劳试样断口宏观形貌存在较大的裂纹贯穿了整体直径约 40% 长度，表面可见明显裂纹存在于其表面杂乱分布，裂纹源由其边缘处开始向内扩展，如图 3.43 所示。

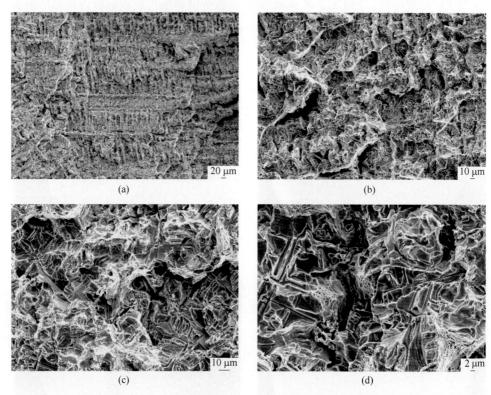

图 3.42 750 ℃，$R_\varepsilon = -1$ 下低周疲劳断口微观形貌

（a）$\varepsilon_{max} = 0.200\%$，$N_f = 32438$，枝晶；（b）$\varepsilon_{max} = 0.300\%$，$N_f = 2188$，枝晶；

（c）（d）$\varepsilon_{max} = 0.300\%$，$N_f = 2188$，碳化物

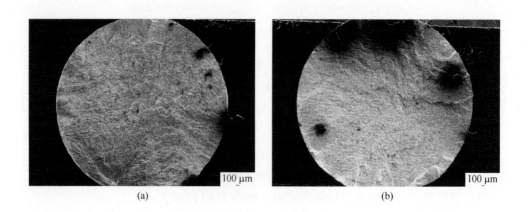

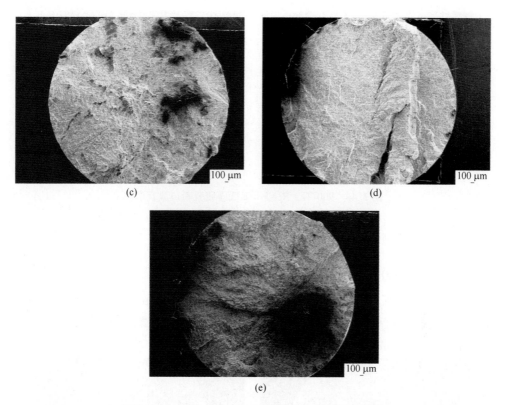

图 3.43 900 ℃，$R_\varepsilon = -1$ 下低周疲劳断口宏观形貌

（a）$\varepsilon_{max} = 0.002\%$，$N_f = 1000$；（b）$\varepsilon_{max} = 0.004\%$，$N_f = 400$；（c）$\varepsilon_{max} = 0.005\%$，$N_f = 106$；

（d）$\varepsilon_{max} = 0.0061\%$，$N_f = 200$；（e）$\varepsilon_{max} = 0.00695\%$，$N_f = 70$

（2）微观特征：在 900 ℃，$R_\varepsilon = -1$ 条件下的低周疲劳试样断口微观形貌裂纹扩展区以结晶状形貌扩展，而枝晶的分布呈现流线状，较大二次裂纹其宽度、深度都较大，可观察到破碎的碳化物分布表面，如图 3.44 所示。

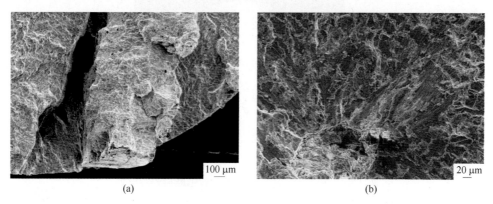

（a）　　　　　　　　　　　　　　　　（b）

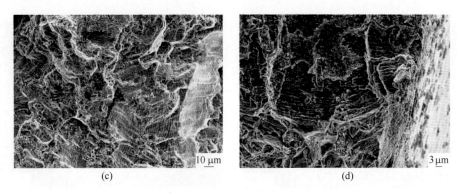

(c)　　　　　　　　　　　　　　　　(d)

图 3.44　900 ℃，$R_\varepsilon = -1$ 下低周疲劳断口微观形貌

（a）$\varepsilon_{\max} = 0.0061\%$，$N_f = 200$，裂纹；（b）$\varepsilon_{\max} = 0.002\%$，$N_f = 1000$，裂纹；
（c）$\varepsilon_{\max} = 0.0061\%$，$N_f = 200$，河流状花样；（d）$\varepsilon_{\max} = 0.00695\%$，$N_f = 70$，河流状花样

3.6.1.8　950 ℃，$R_\varepsilon = -1$

（1）宏观特征：在 950 ℃，$R_\varepsilon = -1$ 条件下的低周疲劳试样断口宏观形貌起伏较大，斜刻面区域所占面积较大，裂纹源由试样表面边缘部分开始扩展，扩展部分较为平整，如图 3.45 所示。

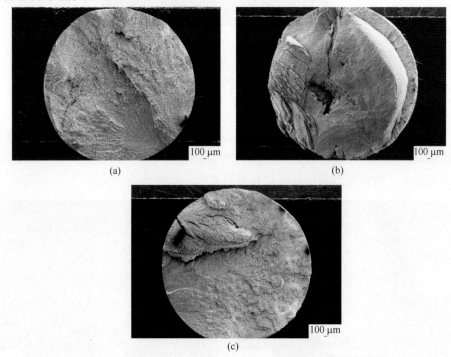

(a)　　　　　　　　　　　　　　　　(b)

(c)

图 3.45　950 ℃，$R_\varepsilon = -1$ 下低周疲劳断口宏观形貌

（a）$\varepsilon_{\max} = 0.00305\%$，$N_f = 600$；（b）$\varepsilon_{\max} = 0.00295\%$，$N_f = 172$；（c）$\varepsilon_{\max} = 0.00405\%$，$N_f = 210$

— 154 —

（2）微观特征：在 950 ℃，$R_\varepsilon = -1$ 条件下的低周疲劳试样断口宏观形貌可见裂纹源的扩展区较为平整，在扩展区中存在部分截断式二次裂纹以及沿晶界扩展的二次裂纹，整体形貌以枝晶形貌为主，如图 3.46 所示。

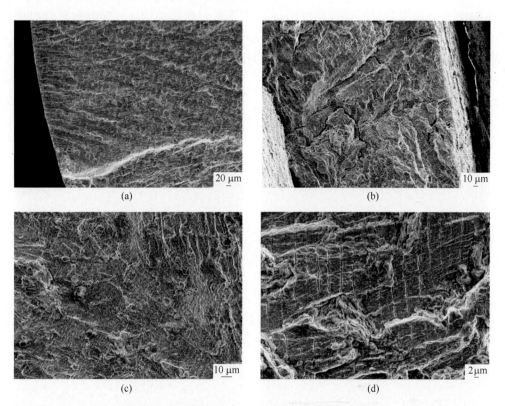

图 3.46　950 ℃，$R_\varepsilon = -1$ 下低周疲劳断口微观形貌

（a）$\varepsilon_{max} = 0.00405\%$，$N_f = 210$，裂纹源区；（b）$\varepsilon_{max} = 0.00295\%$，$N_f = 172$，裂纹源区；

（c）（d）$\varepsilon_{max} = 0.00305\%$，$N_f = 600$，裂纹扩展区

3.6.1.9　综合分析

综合室温、750 ℃、900 ℃、950 ℃在不同最大应力情况下的轴向低周疲劳断口，可得出 K6414 合金低周疲劳断口的特征及规律：

（1）断口表面平整状态较少，多数有起伏形貌存在于表面，同时其二者交界处有二次裂纹沿界面边缘进行扩展存在。

（2）整体形貌以枝晶状形貌为主，同时部分试样斜刻面存在并且所占面积较大，同时存在流线型、河流型形貌。

（3）破碎的碳化物分散分布在表面，有横断式分布等多种破碎形貌。

3.6.2　低周疲劳组织特征

3.6.2.1　应力端横截面

由室温、750 ℃、900 ℃、950 ℃不同条件下的金相组织图片可以得出，K6414合金组织分布形貌以明显的枝晶状分布为其形貌特征，同时碳化物以网状、条状形貌存在于组织内部。在部分条件下的碳化物周围存在着大量、密集的析出相包裹，未见晶界粗化现象发生，如图3.47所示。

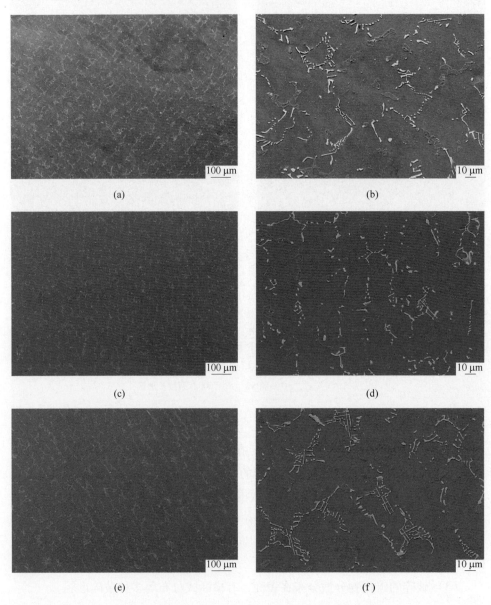

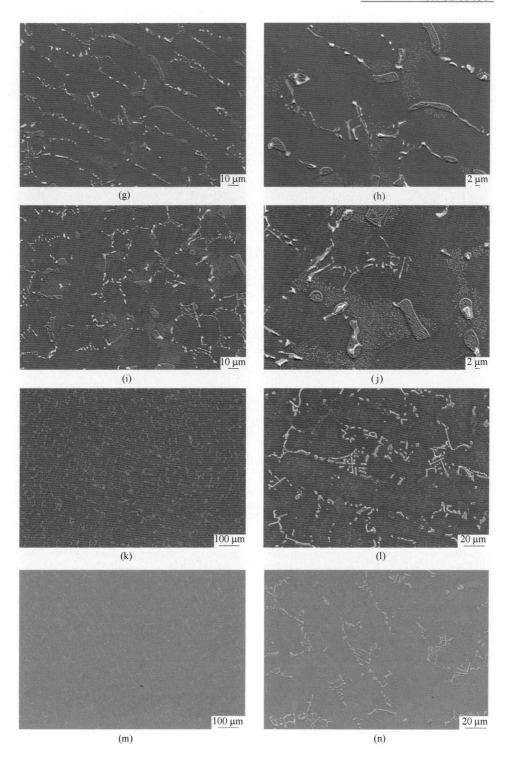

(g)

(h)

(i)

(j)

(k)

(l)

(m)

(n)

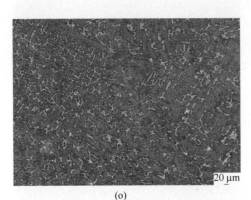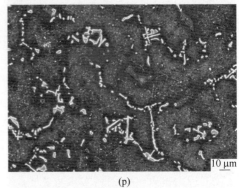

(o)   (p)

图 3.47　不同温度、循环次数低周疲劳应力端横截面枝晶、晶界形貌

(a)（b）室温，$R_\varepsilon = 0.1$，$\varepsilon_{max} = 0.889\%$，$N_f = 174$；

(c)（d）900 ℃，$R_\varepsilon = 0.1$，$\varepsilon_{max} = 0.004\%$，$N_f = 1931$；

(e)（f）室温，$R_\varepsilon = -1$，$\varepsilon_{max} = 0.500\%$，$N_f = 499$；

(g)（h）750 ℃，$R_\varepsilon = 0.1$，$\varepsilon_{max} = 0.009\%$，$N_f = 100$；

(i)（j）950 ℃，$R_\varepsilon = 0.1$，$\varepsilon_{max} = 0.008\%$，$N_f = 200$；

(k)（l）750 ℃，$R_\varepsilon = -1$，$\varepsilon_{max} = 0.300\%$，$N_f = 2188$；

(m)（n）900 ℃，$R_\varepsilon = -1$，$\varepsilon_{max} = 0.00695\%$，$N_f = 70$；

(o)（p）950 ℃，$R_\varepsilon = -1$，$\varepsilon_{max} = 0.00305\%$，$N_f = 600$

3.6.2.2　应力端纵截面

通过不同温度、循环条件下的试样纵截面图片可观察到，在断口附近的碳化物组织形貌以网状、条状、块状为主，部分碳化物沿晶界发生粗化现象，部分试样断口附近含有一定数量的冶金缺陷，如图 3.48 所示。

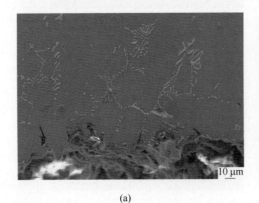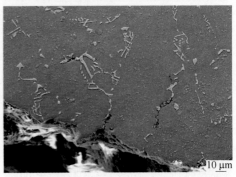

(a)   (b)

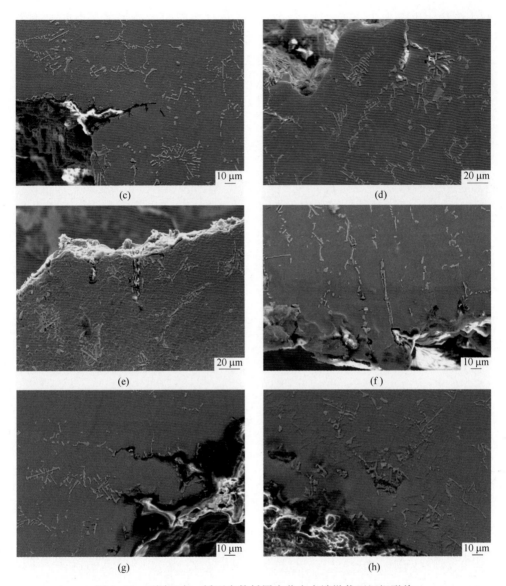

图 3.48 不同温度、循环次数低周疲劳应力端纵截面组织形貌

（a）室温，$R_\varepsilon = 0.1$，$\varepsilon_{max} = 0.889\%$，$N_f = 174$；（b）900 ℃，$R_\varepsilon = 0.1$，$\varepsilon_{max} = 0.004\%$，$N_f = 1931$；

（c）室温，$R_\varepsilon = -1$，$\varepsilon_{max} = 0.300\%$，$N_f = 46451$；（d）750 ℃，$R_\varepsilon = 0.1$，$\varepsilon_{max} = 0.009\%$，$N_f = 134$；

（e）950 ℃，$R_\varepsilon = 0.1$，$\varepsilon_{max} = 0.008\%$，$N_f = 200$；（f）750 ℃，$R_\varepsilon = -1$，$\varepsilon_{max} = 0.300\%$，$N_f = 2188$；

（g）900 ℃，$R_\varepsilon = -1$，$\varepsilon_{max} = 0.00695\%$，$N_f = 70$；（h）950 ℃，$R_\varepsilon = -1$，$\varepsilon_{max} = 0.00305\%$，$N_f = 600$

3.6.2.3 断口附近裂纹及组织

观察不同的断口附近裂纹及组织图片可以发现，断口附近组织碳化物仍以网状、条状、块状为主，而二次裂纹存在由断口表面向内部扩展、由断口下方5 mm内附近的边缘处向内部扩展、在断口附近内部产生横向扩展同时裂纹长度较短等不同的扩展方式，而部分试样如950 ℃，$R_\varepsilon = 0.1$ 等试样产生了较大的、贯穿试样部分的裂纹，如图3.49所示。

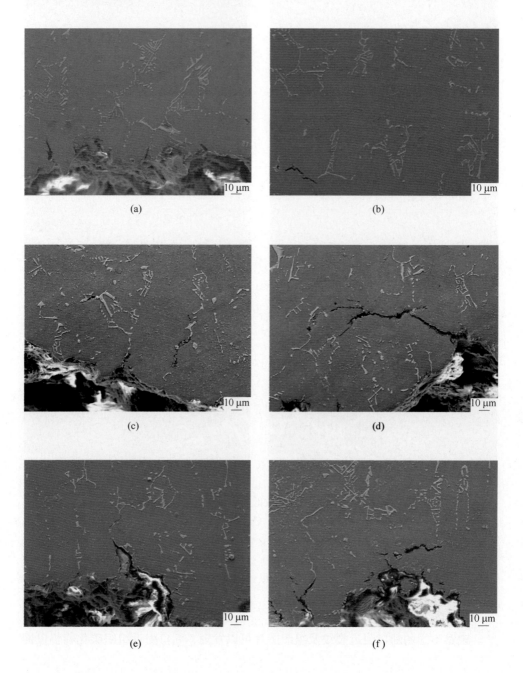

(a)

(b)

(c)

(d)

(e)

(f)

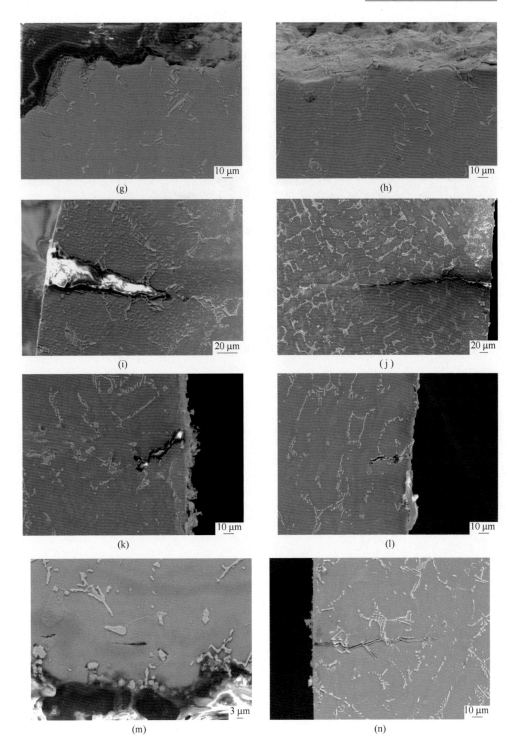

(g)

(h)

(i)

(j)

(k)

(l)

(m)

(n)

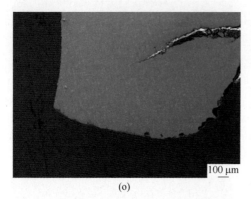

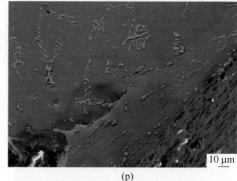

（o）　　　　　　　　　　　　　　　（p）

图 3.49　不同条件下典型二次裂纹形貌

（a）（b）室温，$R_\varepsilon=0.1$，$\varepsilon_{max}=0.889\%$，$N_f=174$；（c）（d）900 ℃，$R_\varepsilon=0.1$，$\varepsilon_{max}=0.004\%$，$N_f=1931$；

（e）室温，$R_\varepsilon=-1$，$\varepsilon_{max}=0.500\%$，$N_f=499$；（f）室温，$R_\varepsilon=-1$，$\varepsilon_{max}=0.300\%$，$N_f=46451$；

（g）750 ℃，$R_\varepsilon=0.1$，$\varepsilon_{max}=0.007\%$，$N_f=918$；（h）750 ℃，$R_\varepsilon=0.1$，$\varepsilon_{max}=0.008\%$，$N_f=100$；

（i）（j）950 ℃，$R_\varepsilon=0.1$，$\varepsilon_{max}=0.008\%$，$N_f=200$；（k）（l）750 ℃，$R_\varepsilon=-1$，$\varepsilon_{max}=0.200\%$，$N_f=32438$；

（m）900 ℃，$R_\varepsilon=-1$，$\varepsilon_{max}=0.002\%$，$N_f=1000$；（n）900 ℃，$R_\varepsilon=-1$，$\varepsilon_{max}=0.004\%$，$N_f=400$；

（o）950 ℃，$R_\varepsilon=-1$，$\varepsilon_{max}=0.00405\%$，$N_f=210$；（p）950 ℃，$R_\varepsilon=-1$，$\varepsilon_{max}=0.00295\%$，$N_f=172$

K452合金断口及组织特征

4.1 概　述

K452是一种镍基沉淀强化型等轴晶铸造高温合金，该合金不含贵重金属元素，成本较低。该合金具有良好的高温强度和抗热腐蚀性能，以及良好的焊接性能，适用于制造重型燃气轮机的透平静叶等部件。

4.2 显微组织结构

本书中K452合金试样的热处理制度为：（1）固溶。加热到（1170±10）℃，保温4 h，炉冷15~30 min至900 ℃，空冷。（2）时效。加热到（1050±10）℃，保温4 h，空冷；加热到（850±10）℃，保温16 h，空冷。K452合金为等轴晶组织，其枝晶特征见图4.1。热处理制度下的合金显微组织特征见图4.2。基本显微组织由γ基体和γ′相组成，枝晶间存在大量的条状或块状碳化物。

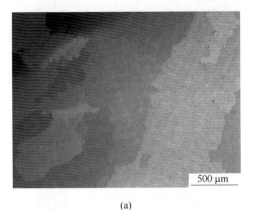
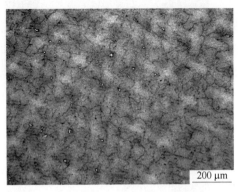

（a）　　　　　　　　　　　　　　（b）

图4.1　K452金相组织特征

（a）低倍枝晶组织；（b）高倍枝晶组织

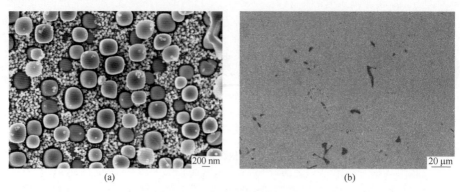

图4.2 K452显微组织特征

（a）γ′相；（b）碳化物

4.3 拉 伸 特 征

4.3.1 拉伸断口特征

（1）宏观特征：100~500 ℃条件下拉伸断口基本为一个垂直轴向的断面，断口上均存在二次裂纹，随温度升高，断口高低差增加，拉伸断口有不同程度的颈缩现象，温度越高越严重。断口整体宏观特征近似，拉伸断口呈明显的枝晶断裂形貌，见图4.3。

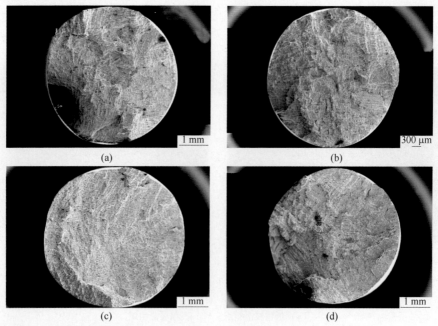

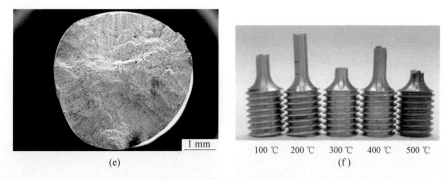

(e) 　　　(f)

图 4.3 拉伸断口宏观形貌

（a）100 ℃；（b）200 ℃；（c）300 ℃；（d）400 ℃；（e）500 ℃；（f）断口侧面

（2）微观断口特征：在 100~500 ℃拉伸后的试样断口微观特征无明显变化。不同温度下的拉伸断口呈现为准解理型的沿枝晶间和晶界断裂特征，从断口可以看到明显的枝晶和晶界形貌，可以发现枝晶间和晶界处的小裂纹，以脆性断裂为主，在高倍下能看到部分位置存在韧性断裂，见图 4.4。

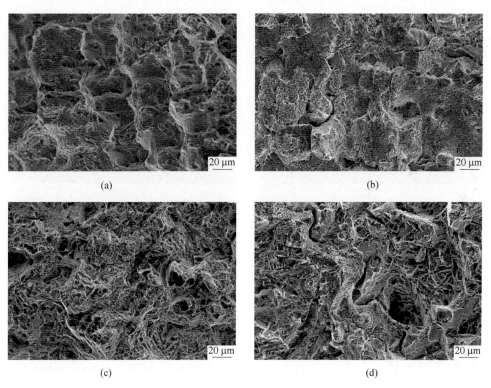

(a) 　　　(b)

(c) 　　　(d)

图 4.4 拉伸断口微观形貌

（a）枝晶形貌特征；（b）沿晶断裂特征；（c）（d）韧窝断口特征

4.3.2 拉伸组织特征

4.3.2.1 应力端横截面组织

在短时拉伸条件下，不同温度下应力端横截面显微组织保持了良好的稳定性。一次 γ′ 相呈立方状规则排列，基体通道内存在大量细小的球形二次 γ′ 相，碳化物无明显变化，见图 4.5。

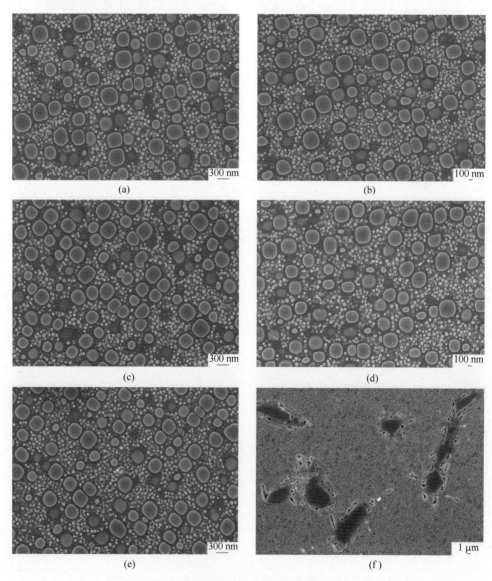

图 4.5　距断口 5 mm 横截面显微组织

(a) 100 ℃；(b) 200 ℃；(c) 300 ℃；(d) 400 ℃；(e) 500 ℃；(f) 共晶与碳化物

4.3.2.2 应力端纵截面组织

距断口 3 mm 的显微组织情况见图 4.6，拉伸试样的纵截面观察，γ' 相形态并没有太大变化。在拉伸短时应力下，100~500 ℃下断口附近的个别碳化物出现碎裂情况，在应力端明显存在大量的滑移线，直接切割过 γ' 相，方向大多沿切应力最大的方向。

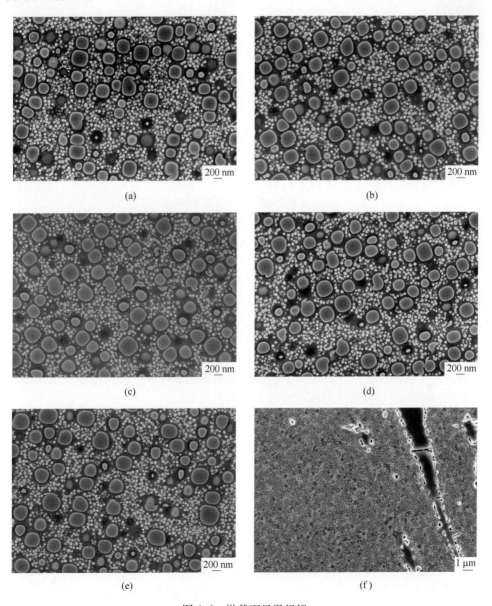

图 4.6　纵截面显微组织

(a) 100 ℃；(b) 200 ℃；(c) 300 ℃；(d) 400 ℃；(e) 500 ℃；(f) 碳化物

4.3.2.3 断口附近二次裂纹

裂纹倾向于在碳化物位置处产生或沿晶界扩展，如图 4.7 所示。

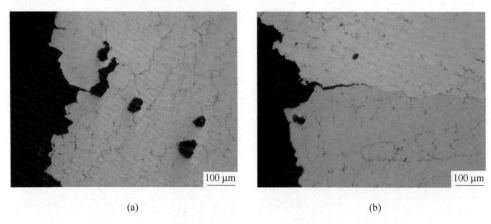

(a)   (b)

图 4.7 纵截面二次裂纹情况
（a）枝晶及晶界；（b）晶界及碳化物

4.4 持 久 特 征

4.4.1 持久断口特征

（1）宏观断口特征：K452 合金持久断口在高温下没有出现明显的缩颈现象，试样表面存在不同程度的绿色氧化皮，750 ℃仍能观察到灰金属色，而在 900 ℃下表面完全被深绿色氧化皮包裹。断口侧面未见明显裂纹，说明高温下氧化层有一定的保护作用，裂纹从内部开始萌生，见图 4.8。

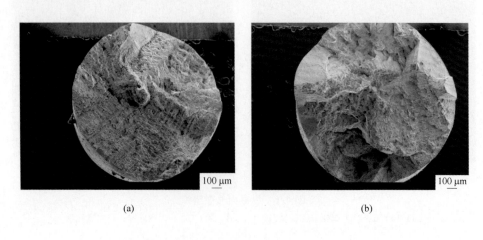

(a)   (b)

(c)

100 μm

(d)

1 mm

(e)

100 μm

(f)

100 μm

(g)

100 μm

(h)

100 μm

(i)

100 μm

(j)

100 μm

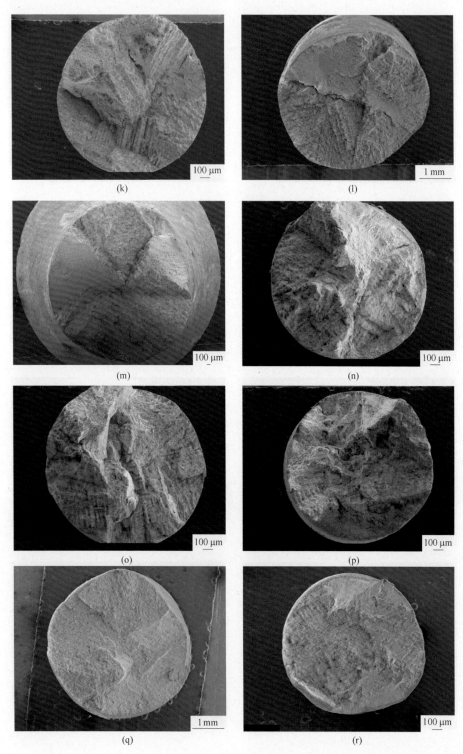

(k)

(l)

(m)

(n)

(o)

(p)

(q)

(r)

(s)   (t)

图 4.8　持久断口宏观形貌

（a）750 ℃/490 MPa/153 h；（b）750 ℃/470 MPa/262 h；（c）750 ℃/450 MPa/544 h；
（d）750 ℃/400 MPa/1167 h；（e）750 ℃/360 MPa/2329 h；（f）750 ℃/320 MPa/6385 h；
（g）750 ℃/300 MPa/7384 h；（h）850 ℃/300 MPa/98 h；（i）850 ℃/260 MPa/243 h；
（j）850 ℃/230 MPa/493 h；（k）850 ℃/210 MPa/1074 h；（l）850 ℃/185 MPa/1681 h；
（m）850 ℃/160 MPa/4282 h；（n）900 ℃/190 MPa/209 h；（o）900 ℃/170 MPa/323 h；
（p）900 ℃/150 MPa/699 h；（q）900 ℃/140 MPa/1106 h；（r）900 ℃/120 MPa/2703 h；
（s）900 ℃/100 MPa/6163 h；（t）900 ℃/70 MPa/12537 h

　　（2）微观特征：K452 合金高温持久断口整体微观特征差异不大。主要为沿解理平面断裂、沿枝晶间断裂或者韧窝断裂的特征，温度越高，沿枝晶间断裂特征越少，韧窝断裂特征越多，且持久时间越长，韧窝尺寸越大且越均匀，韧窝深度越浅。除了 900 ℃/140 MPa/1106 h 试样基本为韧窝断裂外，其他试样均为混合型断裂，温度越高，持久时间越长，表面氧化现象越严重，见图 4.9。

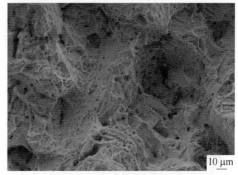

(a)

— 171 —

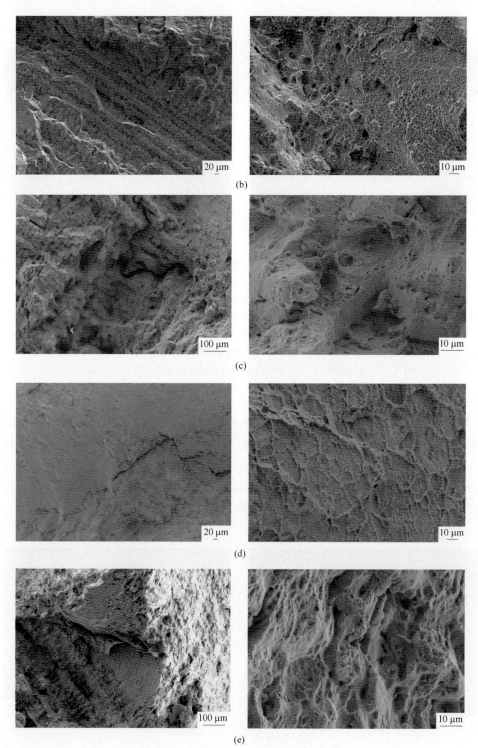

(b)

(c)

(d)

(e)

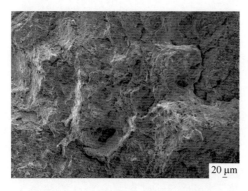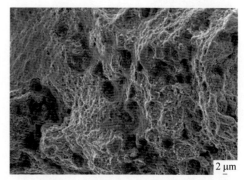

(f)

图 4.9 持久断口微观形貌

(a) 750 ℃/490 MPa/153 h；(b) 750 ℃/300 MPa/7384 h；(c) 850 ℃/300 MPa/98 h；
(d) 850 ℃/160 MPa/4282 h；(e) 900 ℃/190 MPa/209 h；(f) 900 ℃/100 MPa/6163 h

4.4.2 持久组织特征

4.4.2.1 无应力端横截面组织

从无应力端（夹持端）的横截面来看，在各温度下，随着应力的降低和持久时间的增长，总体上合金的 γ' 相尺寸呈现增大的趋势，且持久时间相同时，温度越高，γ' 相尺寸越大。但是 750 ℃/300 MPa/7384 h 持久试样的 γ' 相尺寸明显变小，与总体变化规律不符，在 7384 h 的长时间持久作用下，该试样的组织特征发生了明显变化，且二次小球状 γ' 相数量也明显减少，见图 4.10。

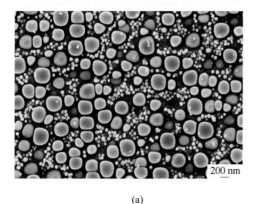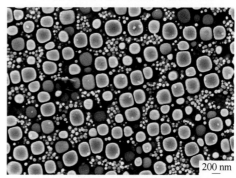

(a)   (b)

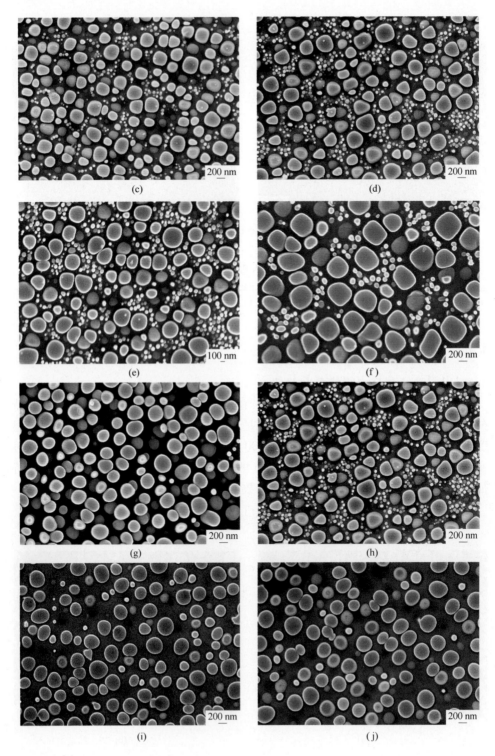

(c)

(d)

(e)

(f)

(g)

(h)

(i)

(j)

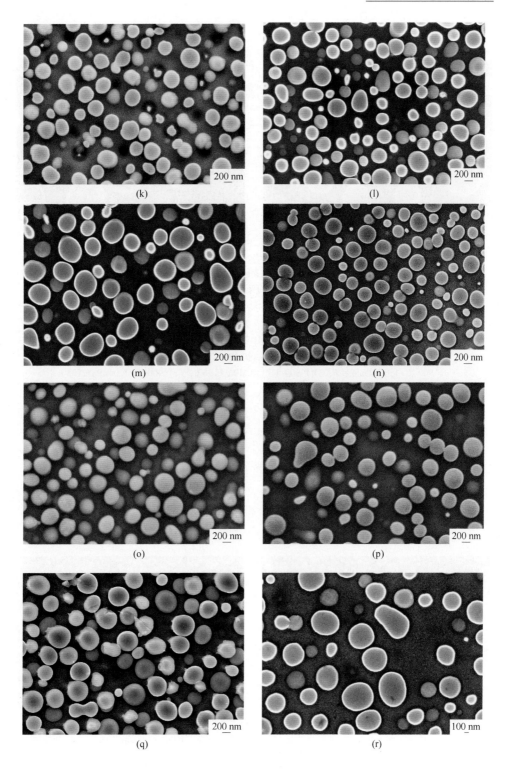

(k)

(l)

(m)

(n)

(o)

(p)

(q)

(r)

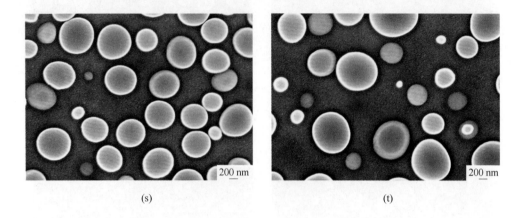

(s)   (t)

图 4.10 无应力端横截面微观形貌

(a) 750 ℃/490 MPa/153 h；(b) 750 ℃/470 MPa/262 h；(c) 750 ℃/450 MPa/544 h；
(d) 750 ℃/400 MPa/1167 h；(e) 750 ℃/360 MPa/2329 h；(f) 750 ℃/320 MPa/6385 h；
(g) 750 ℃/300 MPa/7384 h；(h) 850 ℃/300 MPa/98 h；(i) 850 ℃/260 MPa/243 h；
(j) 850 ℃/230 MPa/493 h；(k) 850 ℃/210 MPa/1074 h；(l) 850 ℃/185 MPa/1681 h；
(m) 850 ℃/160 MPa/4282 h；(n) 900 ℃/190 MPa/209 h；(o) 900 ℃/170 MPa/323 h；
(p) 900 ℃/150 MPa/699 h；(q) 900 ℃/140 MPa/1106 h；(r) 900 ℃/120 MPa/2703 h；
(s) 900 ℃/100 MPa/6163 h；(t) 900 ℃/70 MPa/12537 h

4.4.2.2 应力端纵截面组织

距断口 3 mm 纵截面组织见图 4.11，在所有的 900 ℃持久试样中，900 ℃/190 MPa/209 h 持久试样应力端 γ' 相的筏化趋势最明显，主要表现为相邻两到三个 γ' 相的合并，垂直应力方向择优生长。

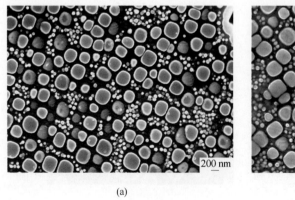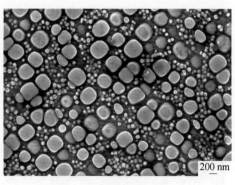

(a)   (b)

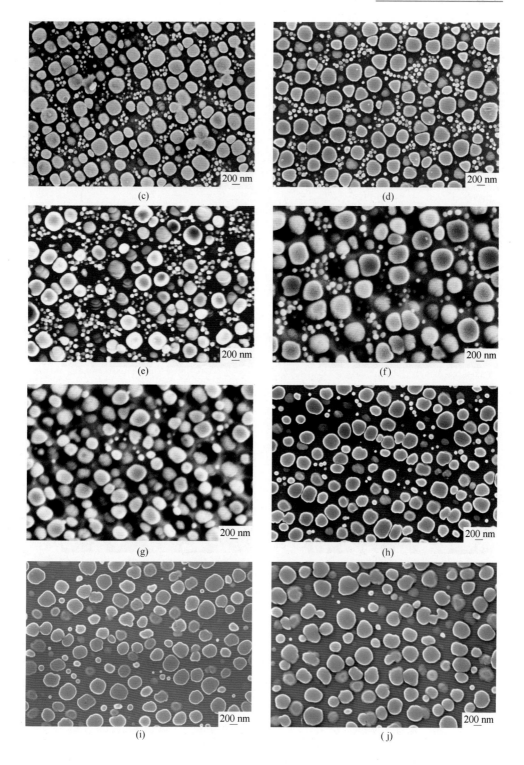

(c)

(d)

(e)

(f)

(g)

(h)

(i)

(j)

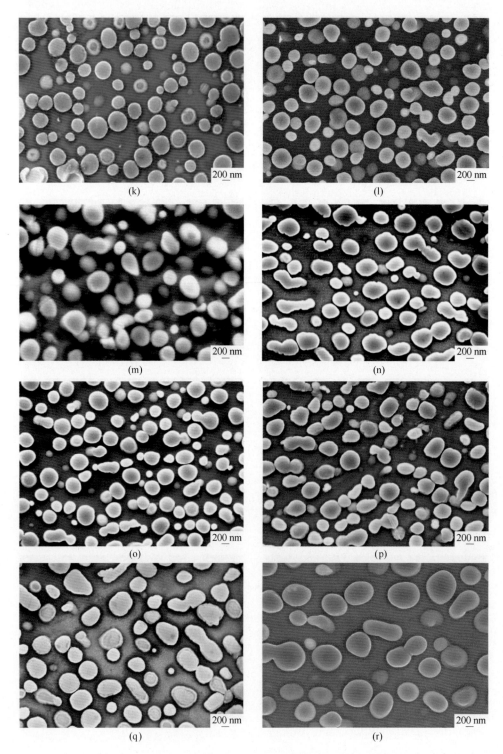

(k)

(l)

(m)

(n)

(o)

(p)

(q)

(r)

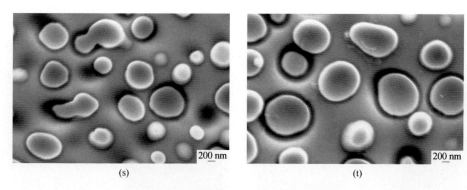

图 4.11　距断口 3 mm 纵截面微观形貌

（a）750 ℃/490 MPa/153 h；（b）750 ℃/470 MPa/262 h；（c）750 ℃/450 MPa/544 h；
（d）750 ℃/400 MPa/1167 h；（e）750 ℃/360 MPa/2329 h；（f）750 ℃/320 MPa/6385 h；
（g）750 ℃/300 MPa/7384 h；（h）850 ℃/300 MPa/98 h；（i）850 ℃/260 MPa/243 h；
（j）850 ℃/230 MPa/493 h；（k）850 ℃/210 MPa/1074 h；（l）850 ℃/185 MPa/1681 h；
（m）850 ℃/160 MPa/4282 h；（n）900 ℃/190 MPa/209 h；（o）900 ℃/170 MPa/323 h；
（p）900 ℃/150 MPa/699 h；（q）900 ℃/140 MPa/1106 h；（r）900 ℃/120 MPa/2703 h；
（s）900 ℃/100 MPa/6163 h；（t）900 ℃/70 MPa/12537 h

4.4.2.3　断口附近二次裂纹

断口附近纵截面上出现的裂纹见图 4.12，高温下更加凹凸不平。

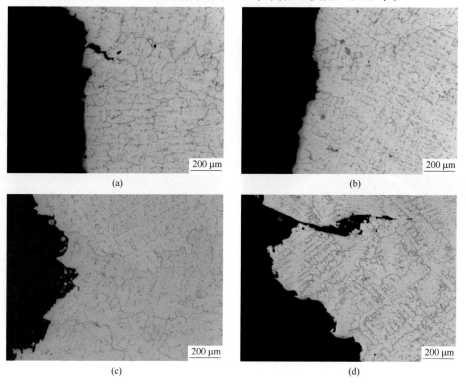

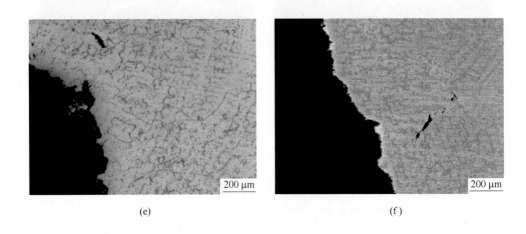

(e)   (f)

图 4.12   持久断口附近二次裂纹宏观形貌

(a) 750 ℃/490 MPa/153 h; (b) 750 ℃/400 MPa/1167 h; (c) 850 ℃/300 MPa/98 h;
(d) 850 ℃/210 MPa/1074 h; (e) 900 ℃/190 MPa/209 h; (f) 900 ℃/140 MPa/1106 h

4.5   高周疲劳特征

4.5.1   高周疲劳断口特征

4.5.1.1   室温，$R_\varepsilon = -1$

（1）宏观特征：在室温，$R_\varepsilon = -1$ 条件高周疲劳的断口呈金属光泽，断口整体起伏较低，斜刻面面积占断口比例相对较小，均为单源起源，见图 4.13。

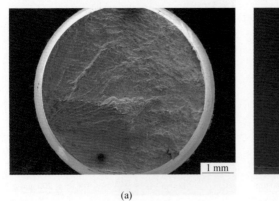
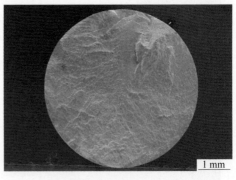

(a)   (b)

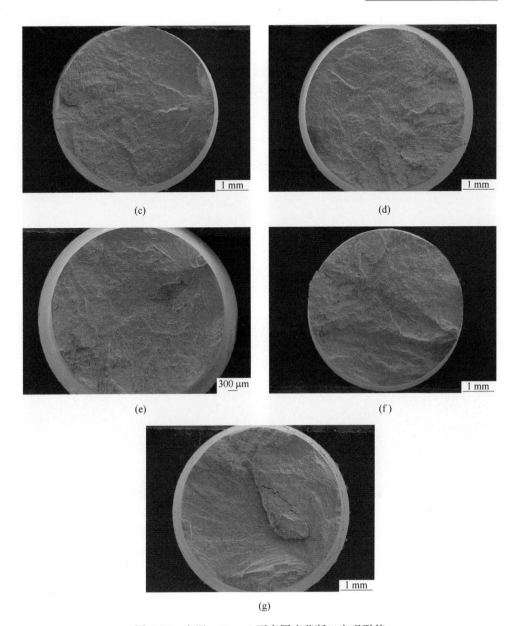

图 4.13 室温，$R_\varepsilon = -1$ 下高周疲劳断口宏观形貌

（a）$\sigma_{max} = 335$ MPa，$N_f = 2752748$；（b）$\sigma_{max} = 365$ MPa，$N_f = 408927$；

（c）$\sigma_{max} = 380$ MPa，$N_f = 585845$；（d）$\sigma_{max} = 400$ MPa，$N_f = 1198217$；

（e）$\sigma_{max} = 450$ MPa，$N_f = 394013$；（f）$\sigma_{max} = 500$ MPa，$N_f = 299706$；

（g）$\sigma_{max} = 550$ MPa，$N_f = 136191$

（2）微观断口特征：在室温，$R_\varepsilon = -1$ 条件下的试样断口特征相近，均为单一裂纹源开裂，裂纹源从试样表面或近表面萌生，向内部扩展。在裂纹扩展初期阶段，出现河流花样（见图 4.14（a）），当裂纹扩展遇到碳化物时，河流花样会进一步发生分流（见图 4.14（b）），增加数量且扩大范围，导致裂纹扩展中期存在大量的疲劳台阶（见图 4.14（c）），直至进入瞬断区出现枝晶断裂形貌（见图 4.14（d））。

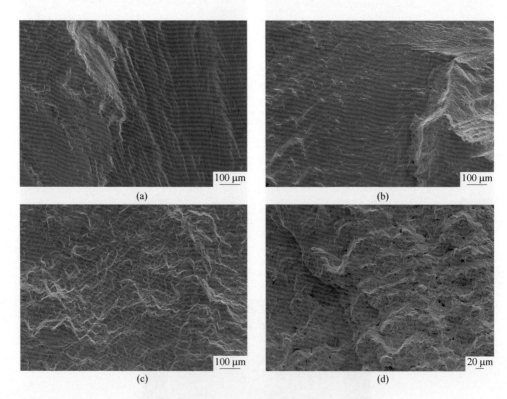

图 4.14　室温，$R_\varepsilon = -1$ 下高周疲劳断口微观形貌

（a）裂纹扩展初期；（b）（c）裂纹扩展中期；（d）瞬断区

4.5.1.2　试验温度 750 ℃

750 ℃，$R_\varepsilon = -1$ 下高周疲劳断口见图 4.15，750 ℃，$R_\varepsilon = 0.1$ 下高周疲劳断口见图 4.16。

（1）宏观特征：750 ℃高周疲劳 4 个断口差异较大，断口均为单一裂纹源但是扩展方式不同，其中 750 ℃/$R_\varepsilon = -1$/$\sigma_{max} = 320$ MPa、750 ℃/$R_\varepsilon = 0.1$/$\sigma_{max} = 610$ MPa、750 ℃/$R_\varepsilon = 0.1$/$\sigma_{max} = 640$ MPa 与 750 ℃/$R_\varepsilon = 0.1$/$\sigma_{max} = 700$ MPa 的疲劳断口裂纹源从内部产生，其他则从表面产生，应力越低的试样裂纹源越容易从内部产生，断口起伏越大，见图 4.15 和图 4.16。

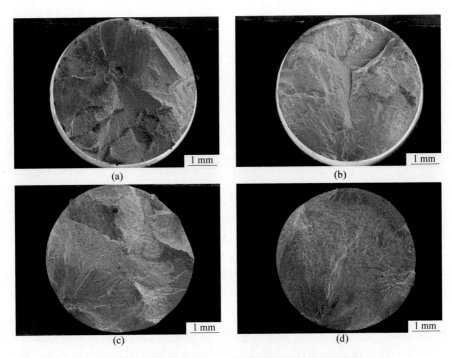

图 4.15 750 ℃，$R_\varepsilon = -1$ 下高周疲劳断口宏观形貌

(a) $\sigma_{max} = 320$ MPa，$N_f = 535209$；(b) $\sigma_{max} = 335$ MPa，$N_f = 91030$；

(c) $\sigma_{max} = 350$ MPa，$N_f = 516778$；(d) $\sigma_{max} = 400$ MPa，$N_f = 57751$

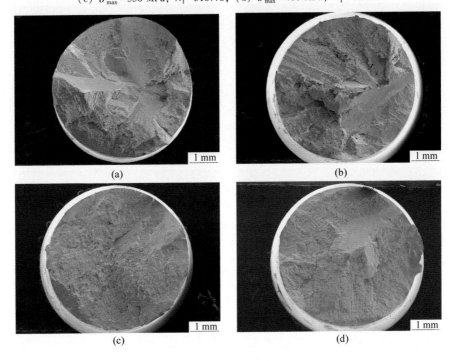

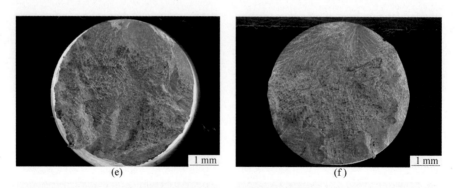

(e) 　　　　　　　　　　　　　　　(f)

图 4.16　750 ℃，$R_\varepsilon = 0.1$ 下高周疲劳断口宏观形貌

(a) $\sigma_{max} = 610$ MPa，$N_f = 6651764$；(b) $\sigma_{max} = 640$ MPa，$N_f = 1077477$；(c) $\sigma_{max} = 670$ MPa，$N_f = 469555$；
(d) $\sigma_{max} = 700$ MPa，$N_f = 1198217$；(e) $\sigma_{max} = 730$ MPa，$N_f = 168705$；(f) $\sigma_{max} = 760$ MPa，$N_f = 13191$

（2）微观断口特征：均为单一裂纹源开裂，但对于不同测试条件的试样，裂纹源产生位置也不相同，不仅存在产生于试样表面的裂纹源（见图 4.17（a）），也存在从试样内部萌生的裂纹源（见图 4.17（b）），这与室温高周疲劳断口特征不同。疲劳断口特征无太大差别，主要的断口特征包括河流花样（见图4.17（c））、疲劳台阶（见图 4.17（d））、枝晶形貌（见图 4.17（e））和解理平面（见图 4.17（f））。750 ℃高周疲劳断口也基本没有裂纹扩展第一阶段，同样没有观察到明显的疲劳条带，见图 4.17。

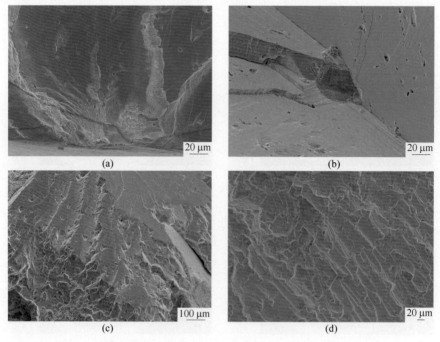

(a) 　　　　　　　　　　　　　　　(b)

(c) 　　　　　　　　　　　　　　　(d)

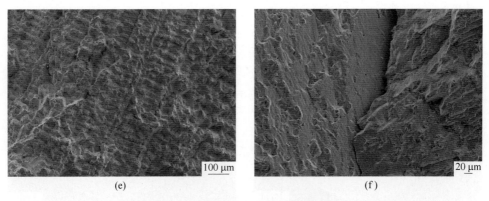

图 4.17 750 ℃高周疲劳断口微观形貌

（a）表面裂纹源；（b）内部裂纹源；（c）河流花样特征；（d）疲劳台阶特征；
（e）枝晶形貌特征；（f）解理平面特征

4.5.1.3 900 ℃，$R_\varepsilon = -1$

（1）宏观断口特征：900 ℃下高周疲劳断口颜色暗沉，源区与瞬断区存在颜色差异。裂纹源均从试样表面产生，除 $\sigma_{max} = 400$ MPa 外，其余试样均为单一裂纹源开裂，疲劳区相对平坦，见图 4.18。

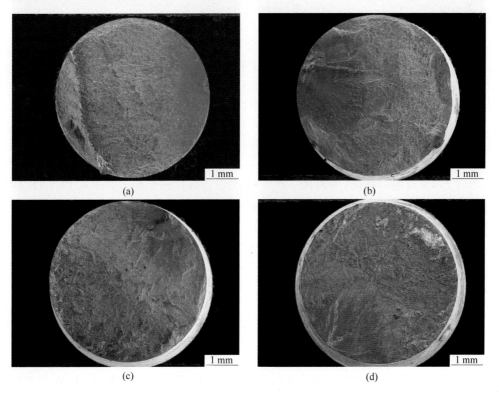

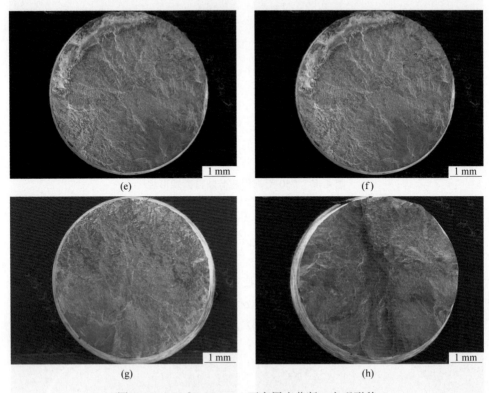

图 4.18　900 ℃，$R_\varepsilon = -1$ 下高周疲劳断口宏观形貌

（a）$\sigma_{max} = 210$ MPa，$N_f = 2770136$；（b）$\sigma_{max} = 220$ MPa，$N_f = 7525802$；

（c）$\sigma_{max} = 240$ MPa，$N_f = 8131878$；（d）$\sigma_{max} = 250$ MPa，$N_f = 9214508$；

（e）$\sigma_{max} = 270$ MPa，$N_f = 3699056$；（f）$\sigma_{max} = 300$ MPa，$N_f = 1491211$；

（g）$\sigma_{max} = 350$ MPa，$N_f = 26677$；（h）$\sigma_{max} = 400$ MPa，$N_f = 15402$

（2）微观断口特征：900 ℃，$R_\varepsilon = -1$ 裂纹源区比较平坦，如图 4.19（a）所示，但对于不同测试条件的试样，裂纹源区也各有特色。900 ℃的高周疲劳断口特征主要包括河流花样（见图 4.19（b）（c））、疲劳台阶（见图 4.19（e））、枝晶形貌（见图 4.19（f）），基本没有大的解理平面，但可以在部分区域发现明显的疲劳条带（见图 4.19（d））。

4.5.2　高周疲劳组织特征

4.5.2.1　应力端横截面

不同温度与应力比条件下断口下方 5 mm 处金相宏观形貌见图 4.20，枝晶形貌并未受温度应力的影响，枝晶干呈白色，枝晶间呈灰色且析出相一般存在于枝

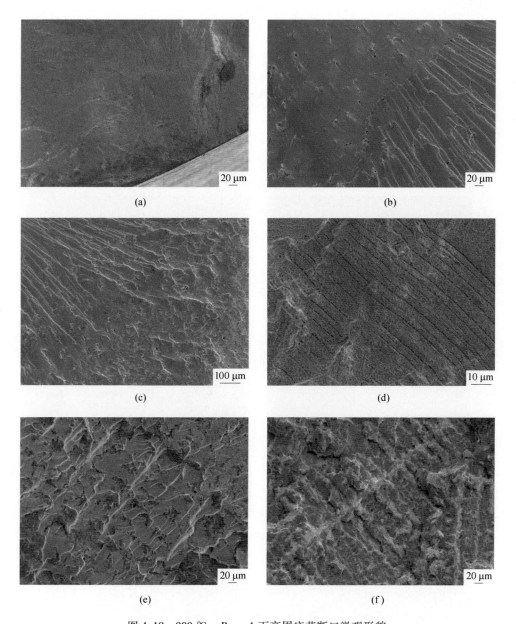

图 4.19 900 ℃, $R_\varepsilon = -1$ 下高周疲劳断口微观形貌

(a) 表面裂纹源；(b) 河流花样特征；(c) 河流花样特征；(d) 疲劳条带特征；

(e) 疲劳台阶特征；(f) 枝晶形貌特征

晶间，晶界及晶界上的碳化物完好，未见晶界增粗或碳化物退化的情况。应力端横截面上 γ′ 相的形貌见图 4.21，室温和 750 ℃ 的 γ′ 相基本无变化，900 ℃ 下一次 γ′ 相有所长大，二次 γ′ 相相对减少，整体组织稳定未发生明显退化。

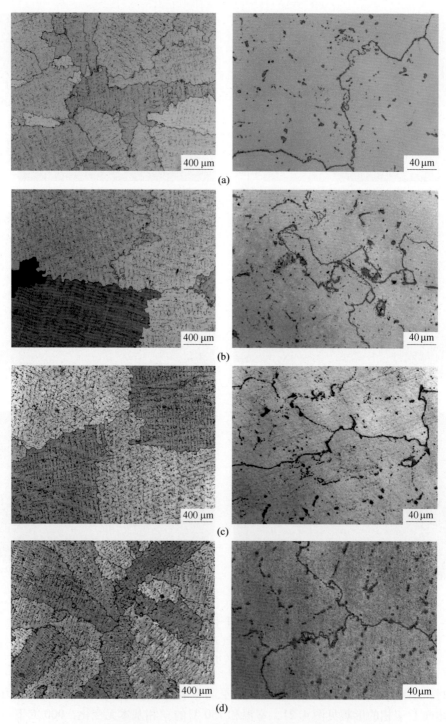

图 4.20　不同温度、应力比高周疲劳应力端横截面枝晶、晶界形貌

(a) 室温, $R_\varepsilon = -1$; (b) 750 ℃, $R_\varepsilon = 0.1$; (c) 750 ℃, $R_\varepsilon = -1$; (d) 900 ℃, $R_\varepsilon = -1$

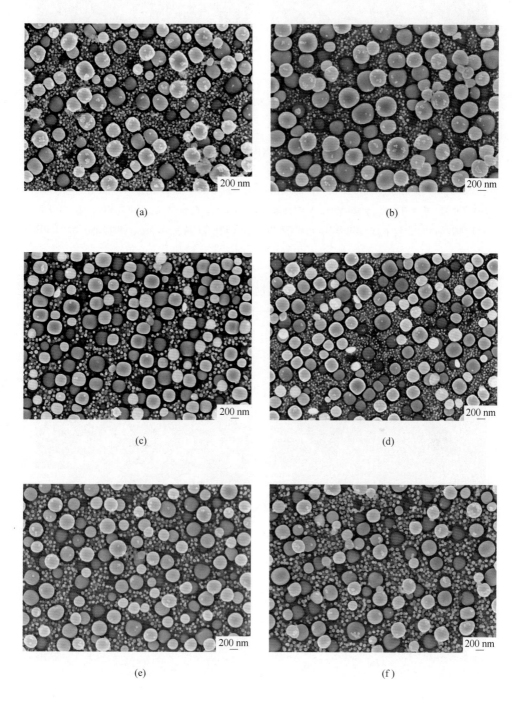

(a)

(b)

(c)

(d)

(e)

(f)

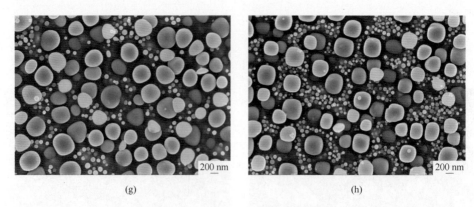

(g)　　　　　　　　　　　　　　　(h)

图 4.21　不同温度、应力比高周疲劳应力端横截面 γ′相形貌

（a）室温，$R_\varepsilon = -1$，$\sigma_{\max} = 335$ MPa，$N_\mathrm{f} = 2752748$；（b）室温，$R_\varepsilon = -1$，$\sigma_{\max} = 500$ MPa，$N_\mathrm{f} = 299706$；

（c）750 ℃，$R_\varepsilon = 0.1$，$\sigma_{\max} = 610$ MPa，$N_\mathrm{f} = 6651764$；（d）750 ℃，$R_\varepsilon = 0.1$，$\sigma_{\max} = 700$ MPa，$N_\mathrm{f} = 1198217$；

（e）750 ℃，$R_\varepsilon = -1$，$\sigma_{\max} = 320$ MPa，$N_\mathrm{f} = 535209$；（f）750 ℃，$R_\varepsilon = -1$，$\sigma_{\max} = 350$ MPa，$N_\mathrm{f} = 516778$；

（g）900 ℃，$R_\varepsilon = -1$，$\sigma_{\max} = 210$ MPa，$N_\mathrm{f} = 2770136$；（h）900 ℃，$R_\varepsilon = -1$，$\sigma_{\max} = 400$ MPa，$N_\mathrm{f} = 15402$

4.5.2.2　应力端纵截面

在高周疲劳条件下，断口下方碳化物未有形貌改变，保持良好的组织形态，其与基体的结合处也未发现裂纹萌生。一次 γ′相形貌也较为稳定，见图 4.22。

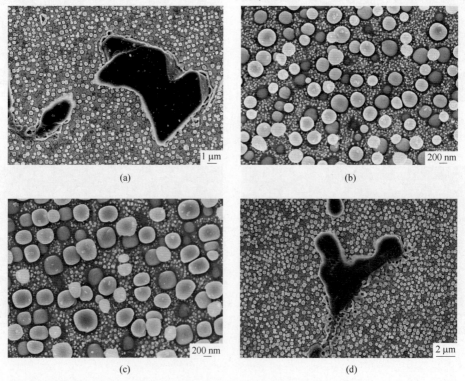

(a)　　　　　　　　　　　　　　　(b)

(c)　　　　　　　　　　　　　　　(d)

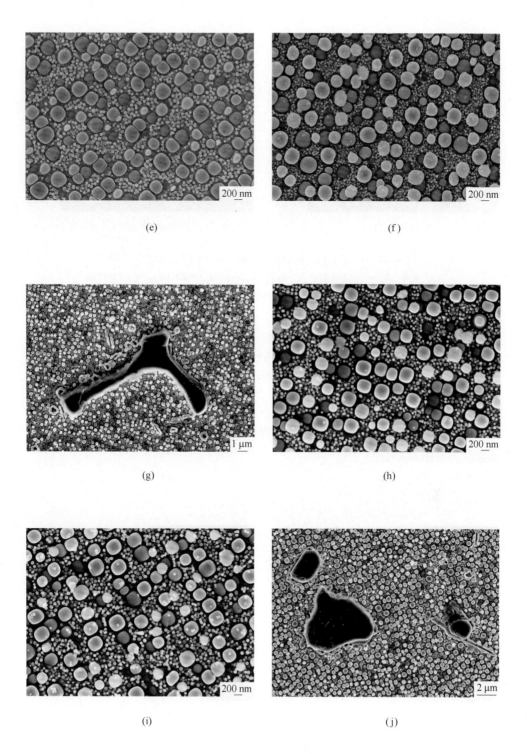

(e)

(f)

(g)

(h)

(i)

(j)

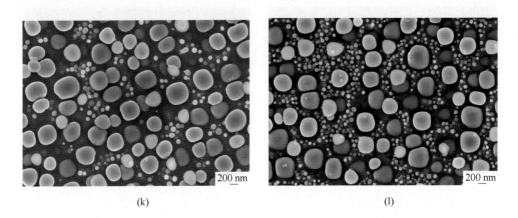

(k)   (l)

图 4.22   不同温度、应力比高周疲劳应力端纵截面组织形貌

(a) 室温，$R_\varepsilon = -1$，碳化物；(b) 室温，$R_\varepsilon = -1$，$\sigma_{max} = 335$ MPa，$N_f = 2752748$；

(c) 室温，$R_\varepsilon = -1$，$\sigma_{max} = 500$ MPa，$N_f = 299706$；(d) 750 ℃，$R_\varepsilon = 0.1$，碳化物；

(e) 750 ℃，$R_\varepsilon = 0.1$，$\sigma_{max} = 610$ MPa，$N_f = 6651764$；(f) 750 ℃，$R_\varepsilon = 0.1$，$\sigma_{max} = 700$ MPa，$N_f = 1198217$；

(g) 750 ℃，$R_\varepsilon = -1$，碳化物；(h) 750 ℃，$R_\varepsilon = -1$，$\sigma_{max} = 320$ MPa，$N_f = 535209$；

(i) 750 ℃，$R_\varepsilon = -1$，$\sigma_{max} = 350$ MPa，$N_f = 516778$；(j) 900 ℃，$R_\varepsilon = -1$，碳化物；

(k) 900 ℃，$R_\varepsilon = -1$，$\sigma_{max} = 210$ MPa，$N_f = 2770136$；(l) 900 ℃，$R_\varepsilon = -1$，$\sigma_{max} = 400$ MPa，$N_f = 15402$

4.5.2.3   断口附近裂纹及组织

高周疲劳试样的二次裂纹并不多，多数为沿晶界或碳化物扩展，存在少数穿晶裂纹，见图 4.23。

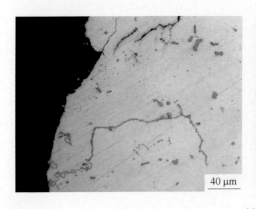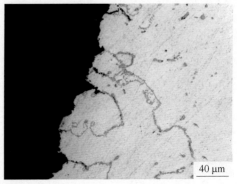

(a)

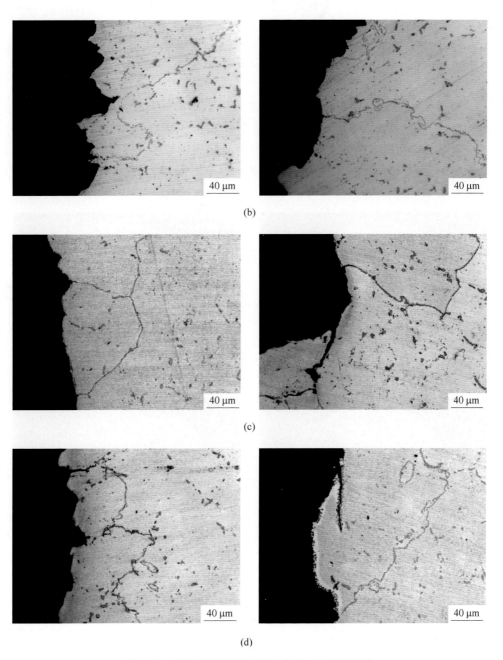

(b)

(c)

(d)

图 4.23 不同条件下断口附近典型二次裂纹形貌

(a) 室温，$R_\varepsilon = -1$；（b）750 ℃，$R_\varepsilon = 0.1$；

（c）750 ℃，$R_\varepsilon = -1$；（d）900 ℃，$R_\varepsilon = -1$

4.6 低周疲劳特征

4.6.1 低周疲劳断口特征

4.6.1.1 室温，$R_\varepsilon = 0.1$

（1）宏观特征：在室温，$R_\varepsilon = 0.1$ 条件测试时，低周疲劳断口呈金属光泽，断口整体起伏较高，均为单源起源，应变 $\varepsilon_{max} = 0.599\%$ 的疲劳源从螺纹根部起源。随着应变的稍稍增大，室温，$R_\varepsilon = 0.1$ 时低周疲劳断口整体形貌粗糙程度增大，且 $\varepsilon_{max} = 0.697\%$ 时，其断口高低差最大，见图 4.24。

(a)

(b)

(c)

(d)

图 4.24　室温，$R_\varepsilon = 0.1$ 下低周疲劳断口宏观形貌

(a) $\varepsilon_{max} = 0.599\%$，$N_f = 15813$；(b) $\varepsilon_{max} = 0.600\%$，$N_f = 13063$；

(c) $\varepsilon_{max} = 0.697\%$，$N_f = 5733$；(d) $\varepsilon_{max} = 0.698\%$，$N_f = 868$

（2）微观断口特征：室温，$R_\varepsilon = 0.1$ 断口特征相近，均为单一裂纹源开裂，断口断裂从试样表面或近表面起源，向内部扩展。见图 4.25（a）（b），在裂纹扩展阶段，出现大量的疲劳台阶（见图 4.25（c）），直至进入瞬断区出现枝晶断裂形貌（见图 4.25（d）），放大可见韧窝特征（见图 4.25（e）（f））。

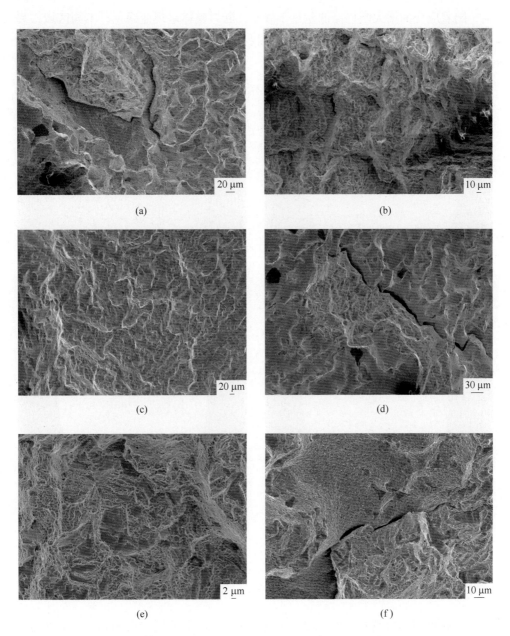

图 4.25 室温，$R_\varepsilon = 0.1$ 下低周疲劳断口微观形貌

（a）表面裂纹源；（b）裂纹向内部扩展；（c）疲劳台阶特征；
（d）枝晶断裂形貌；（e）（f）韧窝断裂特征

4.6.1.2　750 ℃，$R_\varepsilon = -1$

（1）宏观特征：在 750 ℃，$R_\varepsilon = -1$ 条件测试时，低周疲劳断口整体起伏较高，随着应变的增大断口高低差趋于减小，断口整体呈现蓝绿色，不同区域，疲劳源区、扩展区和瞬断区呈现不同的颜色，断口处有明显的蓝色、灰绿色的边界，如图 4.26 所示。

图 4.26　750 ℃，$R_\varepsilon = -1$ 下低周疲劳断口宏观形貌

（a）$\varepsilon_{max} = 0.150\%$，$N_f = 176050$；（b）$\varepsilon_{max} = 0.199\%$，$N_f = 32087$；

（c）$\varepsilon_{max} = 0.299\%$，$N_f = 4296$；（d）$\varepsilon_{max} = 0.300\%$，$N_f = 1818$

（2）微观断口特征：在 750 ℃，$R_\varepsilon = -1$ 条件下低周疲劳断口呈单源断裂，断口断裂从试样表面或近表面起源，向内部扩展。进入裂纹扩展阶段，该区域形貌与室温下近似，均为疲劳台阶状扩展，在裂纹瞬断区，呈现枝晶断裂形貌，高倍下也可观察到韧窝特征，如图 4.27 所示。

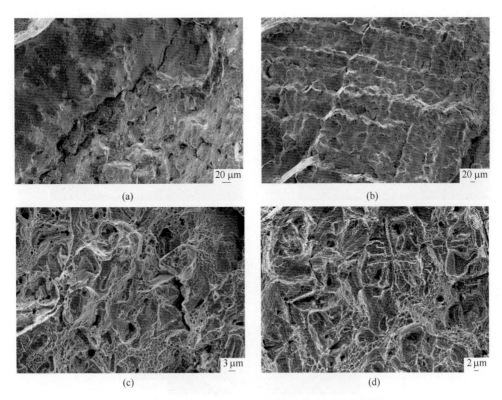

(a) (b)

(c) (d)

图 4.27 750 ℃，$R_\varepsilon = -1$ 下低周疲劳断口微观形貌

（a）沿晶断裂特征；（b）枝晶断裂形貌；（c）（d）韧窝断裂特征

4.6.1.3 900 ℃，$R_\varepsilon = 0.1$

（1）宏观特征：在 900 ℃，$R_\varepsilon = 0.1$ 条件测试时的低周疲劳断口整体较为粗糙，而且最大应变值不同，粗糙程度不同，$\varepsilon_{max} = 0.300\%$，$N_f = 111718$ 为单个裂纹源开裂，其余四个均为多个裂纹源开裂，如图 4.28 所示。

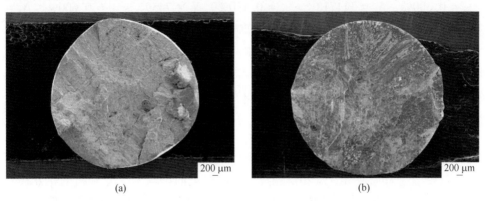

(a) (b)

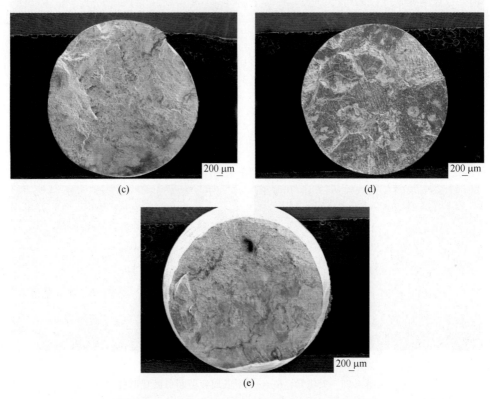

图 4.28 900 ℃，R_ε = 0.1 下低周疲劳断口宏观形貌

（a）ε_{max} = 0.300%，N_f = 111718；（b）ε_{max} = 0.300%，N_f = 199123；

（c）ε_{max} = 0.450%，N_f = 7459；（d）ε_{max} = 0.600%，N_f = 2516；

（e）ε_{max} = 0.900%，N_f = 1080

（2）微观特征：900 ℃，R_ε = 0.1 下断口特征相近，但是扩展方式不同，ε_{max} = 0.300%、N_f = 111718，ε_{max} = 0.450%、N_f = 7459，ε_{max} = 0.600%、N_f = 2516 裂纹源从试样表面萌生，ε_{max} = 0.300%、N_f = 199123，ε_{max} = 0.900%、N_f = 1080 裂纹源从试样表面或者内部萌生。在裂纹扩展初期阶段，出现河流花样（见图 4.29（a）），扩展后期尚存在大量的疲劳台阶（见图 4.29（b）），直至进入瞬断区出现枝晶断裂形貌（见图 4.29（c）），放大也可观察到韧窝特征。

4.6.2 低周疲劳组织特征

4.6.2.1 应力端横截面

K452 合金低周疲劳对 γ′相形貌没有造成较大的影响，一次 γ′相呈立方状分布，二次球形 γ′相分布于基体中，在室温及 750 ℃下没有明显的退化现象；高温

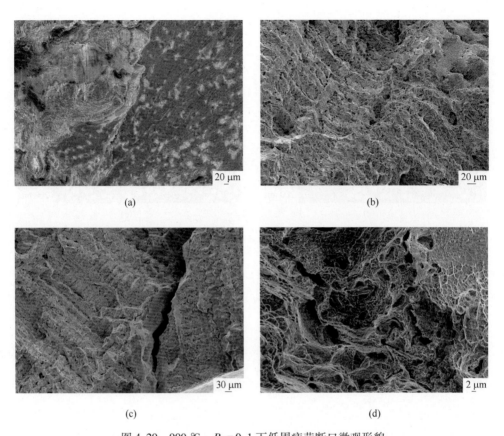

(a)　　　　　　　　　　　　　　　　(b)

(c)　　　　　　　　　　　　　　　　(d)

图 4.29　900 ℃，R_ε = 0.1 下低周疲劳断口微观形貌

（a）河流花样特征；（b）疲劳台阶特征；（c）枝晶形貌特征；（d）韧窝断裂特征

条件相较于室温条件下，一次 γ′ 相增多，大小无明显变化，在 900 ℃低周疲劳条件下，二次球形 γ′ 相相对减少，见图 4.30。

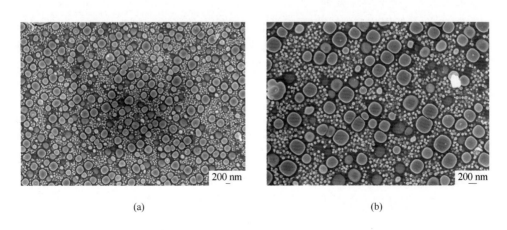

(a)　　　　　　　　　　　　　　　　(b)

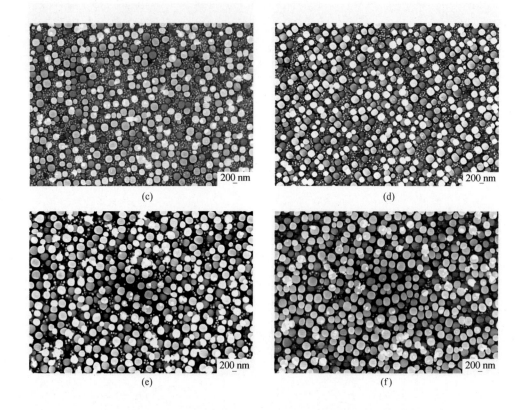

图 4.30 不同温度、应变低周疲劳应力端横截面 γ′ 相形貌

(a) 室温，$R_\varepsilon = 0.1$，$\varepsilon_{max} = 0.697\%$；(b) 室温，$R_\varepsilon = 0.1$，$\varepsilon_{max} = 0.698\%$；

(c) 750 ℃，$R_\varepsilon = -1$，$\varepsilon_{max} = 0.150\%$；(d) 750 ℃，$R_\varepsilon = -1$，$\varepsilon_{max} = 0.199\%$；

(e) 900 ℃，$R_\varepsilon = 0.1$，$\varepsilon_{max} = 0.300\%$；(f) 900 ℃，$R_\varepsilon = 0.1$，$\varepsilon_{max} = 0.900\%$

4.6.2.2 应力端纵截面

K452 合金低周疲劳对 γ′ 相形貌没有造成较大的影响，较为稳定，一次 γ′ 相呈立方状分布，二次球形 γ′ 相分布于基体中，在室温及高温下没有明显的退化现象；保持良好的组织形态，但在 900 ℃低周疲劳条件下，断口附近的 γ′ 相被剪切带切割，见图 4.31。

4.6.2.3 室温断口二次裂纹

室温下断口下方二次裂纹见图 4.32，$R_\varepsilon = 0.1$ 条件下二次裂纹由断口沿着晶界延伸到内部长度为 20~60 μm，未见明显的穿晶裂纹，断口下方碳化物整体发生断裂，而基体与碳化物的界面未出现裂纹。在 $R_\varepsilon = -1$ 低周条件下，沿晶的二次开口较大，但延伸长度不长，裂纹周围碳化物未出现断裂。

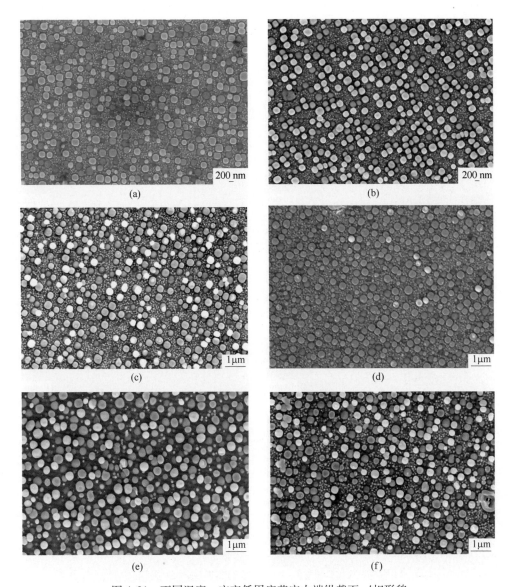

图 4.31 不同温度、应变低周疲劳应力端纵截面 γ′相形貌

（a）室温，$R_\varepsilon = 0.1$，$\varepsilon_{max} = 0.599\%$；（b）室温，$R_\varepsilon = 0.1$，$\varepsilon_{max} = 0.698\%$；

（c）750 ℃，$R_\varepsilon = -1$，$\varepsilon_{max} = 0.150\%$；（d）750 ℃，$R_\varepsilon = -1$，$\varepsilon_{max} = 0.300\%$；

（e）900 ℃，$R_\varepsilon = 0.1$，$\varepsilon_{max} = 0.300\%$；（f）900 ℃，$R_\varepsilon = 0.1$，$\varepsilon_{max} = 0.450\%$

4.6.2.4 750 ℃断口二次裂纹

在 750 ℃，$R_\varepsilon = -1$ 条件下测试的低周疲劳试样的二次裂纹由断口沿着晶界延伸到内部长度为 30 μm 左右，$\varepsilon_{max} = 0.150\%$ 的二次裂纹更加尖锐，$\varepsilon_{max} = 0.299\%$

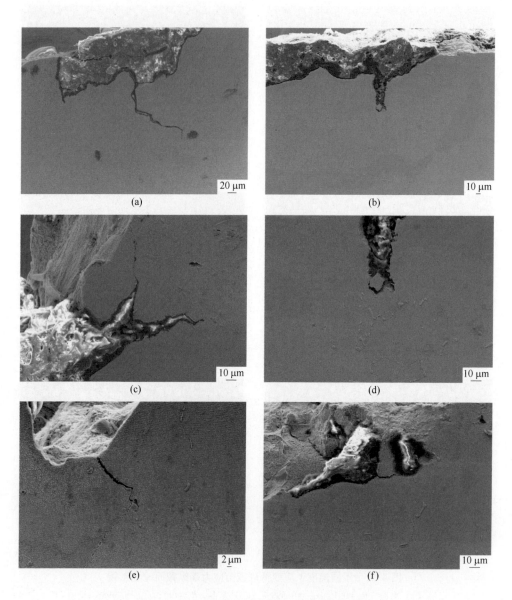

图 4.32　室温，低周疲劳断口二次裂纹形貌

（a）（c）室温，$R_\varepsilon = 0.1$，$\varepsilon_{max} = 0.600\%$；（b）（d）室温，$R_\varepsilon = 0.1$，$\varepsilon_{max} = 0.599\%$；

（e）（f）室温，$R_\varepsilon = 0.1$，$\varepsilon_{max} = 0.697\%$

的范围更加宽，750 ℃下 $R_\varepsilon = -1$ 周围碳化物上的裂纹明显增多，见图 4.33。

4.6.2.5　900 ℃断口二次裂纹

900 ℃，$R_\varepsilon = 0.1$ 下断口下方二次裂纹见图 4.34，$R_\varepsilon = 0.1$ 条件下二次裂纹由

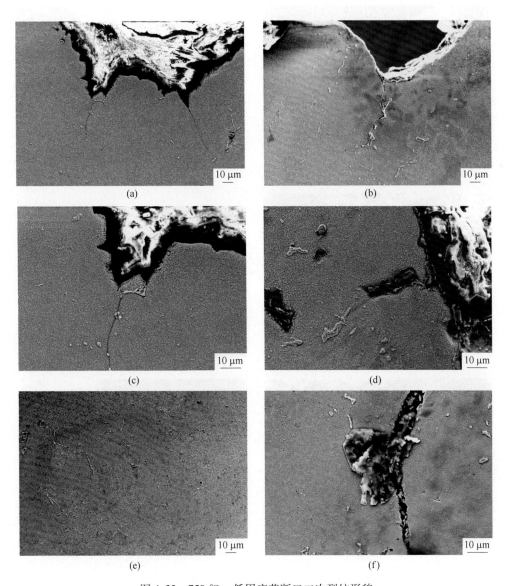

图 4.33 750 ℃，低周疲劳断口二次裂纹形貌

(a)（c）（e）750 ℃，$R_\varepsilon = -1$，$\varepsilon_{max} = 0.299\%$；(b) 750 ℃，$R_\varepsilon = -1$，$\varepsilon_{max} = 0.150\%$；

(d) 750 ℃，$R_\varepsilon = -1$，$\varepsilon_{max} = 0.300\%$；(f) 750 ℃，$R_\varepsilon = -1$，$\varepsilon_{max} = 0.199\%$

断口沿着晶界延伸到内部长度为 20~30 μm，应变值较小的 $\varepsilon_{max} = 0.300\%$ 与 $\varepsilon_{max} = 0.450\%$ 的二次裂纹更加尖锐，应变值较大的 $\varepsilon_{max} = 0.600\%$ 的二次裂纹范围更宽，向内部延伸的长度较短一些，与室温条件下相比，900 ℃下 $R_\varepsilon = 0.1$ 周围碳化物上的裂纹有所增多。

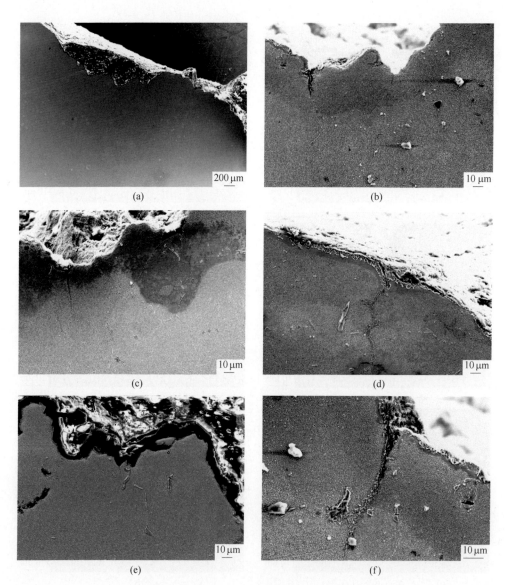

图 4.34 900 ℃，低周疲劳断口二次裂纹形貌

(a)（e）900 ℃，$R_\varepsilon = 0.1$，$\varepsilon_{max} = 0.600\%$；(b)（f）900 ℃，$R_\varepsilon = 0.1$，$\varepsilon_{max} = 0.450\%$；
(c)（d）900 ℃，$R_\varepsilon = 0.1$，$\varepsilon_{max} = 0.300\%$

参 考 文 献

［1］张健，楼琅洪. 铸造高温合金研发中的应用基础研究［J］. 金属学报，2018，54（11）：1637-1652.

［2］杨功显，张琼元，高振桓，等. 重型燃气轮机热端部件材料发展现状及趋势［J］. 航空动力，2019（2）：70-73.

［3］Li J, Yuan C, Guo J, et al. Effect of hot isostatic pressing on microstructure of cast gas-turbine vanes of K452 alloy［J］. Progress in Natural Science：Materials International，2014，24（6）：631-636.

［4］Reed R C. The Superalloy：Fundamentals and Applications［M］. Cambridge：Cambridge University Press，2008.

［5］Yabansu Y C, Iskakov A, Kapustina A, et al. Application of Gaussian process regression models for capturing the evolution of microstructure statistics in aging of nickel-based superalloys［J］. Acta Materialia，2019，178：45-58.

［6］Sun F, Tong J, Feng Q, et al. Microstructural evolution and deformation features in gas turbine blades operated in-service［J］. Journal of alloys and compounds，2015，618：728-733.

［7］Pan C, Yao Z, Ma Y, et al. Solidification microstructure characteristics and their formation mechanism of K447A nickel-based superalloy for dual-performance blisk［J］. Materials Characterization，2023，203：113155.

［8］郭建亭，周兰章，袁超，等. 我国独创和独具特色的几种高温合金的组织和性能［J］. 中国有色金属学报，2011，21（2）：237-250.

［9］Zhang M, Zhao Y, Guo Y, et al. Effect of overheating events on microstructure and low-cycle fatigue properties of a nickel-based single-crystal superalloy［J］. Metallurgical and Materials Transactions A，2022，53（6）：2214-2225.

［10］师昌绪，仲增墉. 中国高温合金五十年［M］. 北京：冶金工业出版社，2006.

［11］Zhang X, Chen Y, Hu J. Recent advances in the development of aerospace materials［J］. Progress in Aerospace Sciences，2018，97：22-34.

［12］Zhang L, Li D, Chen X, et al. Microstructure and mechanical properties of MIM213 superalloy［J］. Materials Chemistry and Physics，2015，168：18-26.

［13］Allen S M, Pelloux R M, Widmer R. Advanced high-temperature alloys：Processing and properties［J］. 1986.

［14］Argence D, Vernault C, Desvallees Y, et al. MC-NG：a 4th generation single-crystal superalloy for future aeronautical turbine blades and vanes［J］. Superalloys，2000：829-837.

［15］Chen Y, Yao Z, Dong J, et al. Molecular dynamics simulation of the γ′ phase deformation behaviour in nickel-based superalloys［J］. Materials Science and Technology，2022，38（17）：1439-1450.

［16］Petrenec M, Obrtlík K, Polák J. Inhomogeneous dislocation structure in fatigued INCONEL 713 LC superalloy at room and elevated temperatures［J］. Materials Science and Engineering：A，2005，400：485-488.

［17］ Jianting G, Ranucci D, Picco E, et al. An investigation on the creep and fracture behavior of cast nickel-base superalloy IN738LC ［J］. Metallurgical Transactions A, 1983, 14: 2329-2335.

［18］ Jian C, Huang B, Lee J H, et al. Carbide formation process in directionally solidified MAR-M247 LC superalloy ［J］. Journal of Materials Sciences and Technology, 1999, 15（1）: 48.

［19］ Chen Y Q, Francis E, Robson J, et al. Compositional variations for small-scale gamma prime（γ′）precipitates formed at different cooling rates in an advanced Ni-based superalloy ［J］. Acta Materialia, 2015, 85: 199-206.

［20］ Liu L R, Jin T, Zhao N R, et al. Formation of carbides and their effects on stress rupture of a Ni-base single crystal superalloy ［J］. Materials Science and Engineering: A, 2003, 361（1/2）: 191-197.

［21］ Nguyen L, Shi R, Wang Y, et al. Quantification of rafting of γ′ precipitates in Ni-based superalloys ［J］. Acta Materialia, 2016, 103: 322-333.

［22］ Sun W R, Lee J H, Seo S M, et al. The eutectic characteristic of MC-type carbide precipitation in a DS nickel-base superalloy ［J］. Materials Science and Engineering: A, 1999, 271（1/2）: 143-149.

［23］ Sun F, Mao S, Zhang J. Identification of the partitioning characteristics of refractory elements in σ and γ phases of Ni-based single crystal superalloys based on first principles ［J］. Materials Chemistry and Physics, 2014, 147（3）: 483-487.

［24］ Van Sluytman J S, Pollock T M. Optimal precipitate shapes in nickel-base γ-γ′ alloys ［J］. Acta Materialia, 2012, 60（4）: 1771-1783.

［25］ Thornton K, Akaiwa N, Voorhees P W. Large-scale simulations of Ostwald ripening in elastically stressed solids: I. Development of microstructure ［J］. Acta materialia, 2004, 52（5）: 1353-1364.

［26］ 马祎炜, 姚志浩, 李大禹, 等. 高 γ′ 含量高温合金整体细晶叶盘铸造凝固行为和组织特征模拟研究 ［J］. 稀有金属材料与工程, 2022, 51（12）: 4519-4526.

［27］ Klepser C A. Effect of continuous cooling rate on the precipitation of gamma prime in nickel-based superalloys ［J］. Scripta metallurgica et materialia, 1995, 33（4）: 589-596.

［28］ Yang J, Zheng Q, Sun X, et al. Relative stability of carbides and their effects on the properties of K465 superalloy ［J］. Materials Science and Engineering: A, 2006, 429（1/2）: 341-347.

［29］ Wang F, Ma D, Zhang J, et al. Effect of local cooling rates on the microstructures of single crystal CMSX-6 superalloy: A comparative assessment of the Bridgman and the downward directional solidification processes ［J］. Journal of alloys and compounds, 2014, 616: 102-109.

［30］ Wang F, Ma D, Zhang J, et al. Effect of solidification parameters on the microstructures of superalloy CMSX-6 formed during the downward directional solidification process ［J］. Journal of crystal growth, 2014, 389: 47-54.

［31］ 张迈, 张辉, 赵云松, 等. 镍基铸造高温合金低周疲劳研究进展: 影响因素、变形机理及寿命预测 ［J］. 稀有金属材料与工程, 2021, 50（11）: 4174-4184.

［32］He L Z, Zheng Q, Sun X F, et al. M23C6 precipitation behavior in a Ni-base superalloy M963 ［J］. Journal of materials science, 2005, 40: 2959-2964.

［33］Li L, Gong X, Wang C, et al. Correlation between phase stability and tensile properties of the Ni-based superalloy MAR-M247 ［J］. Acta Metallurgica Sinica (English Letters), 2021, 34: 872-884.

［34］Tsai Y L, Wang S F, Bor H Y, et al. Effects of alloy elements on microstructure and creep properties of fine-grained nickel-based superalloys at moderate temperatures ［J］. Materials Science and Engineering: A, 2013, 571: 155-160.

［35］Qin X Z, Guo J T, Yuan C, et al. Decomposition of primary MC carbide and its effects on the fracture behaviors of a cast Ni-base superalloy ［J］. Materials Science and Engineering: A, 2008, 485 (1/2): 74-79.

［36］Zhang W, Liu L, Fu H. Effect of cooling rate on MC carbide in directionally solidified nickel-based superalloy under high thermal gradient ［J］. China Foundry, 2012, 9 (1): 11-14.

［37］Li X W, Wang L, Dong J S, et al. Effect of solidification condition and carbon content on the morphology of MC carbide in directionally solidified nickel-base superalloys ［J］. Journal of Materials Science & Technology, 2014, 30 (12): 1296-1300.

［38］Panwisawas C, Mathur H, Gebelin J C, et al. Prediction of recrystallization in investment cast single-crystal superalloys ［J］. Acta materialia, 2013, 61 (1): 51-66.

［39］Sugui T, Minggang W, Tang L, et al. Influence of TCP phase and its morphology on creep properties of single crystal nickel-based superalloys ［J］. Materials Science and Engineering: A, 2010, 527 (21/22): 5444-5451.

［40］郭建亭. 高温合金材料学（中册）［M］. 北京: 科学出版社, 2008: 357-384.

［41］Baldan R, da Rocha R L P, Tomasiello R B, et al. Solutioning and aging of MAR-M247 nickel-based superalloy ［J］. Journal of Materials Engineering and Performance, 2013, 22: 2574-2579.

［42］Huang H E, Koo C H. Effect of solution-treatment on microstructure and mechanical properties of cast fine-grain CM247LC superalloy ［J］. Materials Transactions, 2004, 45 (4): 1360-1366.

［43］Grant B M B, Francis E M, da Fonseca J Q, et al. The effect of γ' size and alloy chemistry on dynamic strain ageing in advanced polycrystalline nickel base superalloys ［J］. Materials Science and Engineering: A, 2013, 573: 54-61.

［44］Zhang P, Yuan Y, Li B, et al. Tensile deformation behavior of a new Ni-base superalloy at room temperature ［J］. Materials Science and Engineering: A, 2016, 655: 152-159.

［45］Dye D, Ma A, Reed R C. Numerical modelling of creep deformation in a CMSX-4 single crystal superalloy turbine blade ［J］. Superalloys, 2008, 911: 919.

［46］Parsa A B, Wollgramm P, Buck H, et al. Ledges and grooves at γ/γ' interfaces of single crystal superalloys ［J］. Acta Materialia, 2015, 90: 105-117.

［47］Pollock T M, Argon A S. Creep resistance of CMSX-3 nickel base superalloy single crystals ［J］. Acta Metallurgica et Materialia, 1992, 40 (1): 1-30.

参 考 文 献

[48] Singh A R P, Nag S, Chattopadhyay S, et al. Mechanisms related to different generations of γ' precipitation during continuous cooling of a nickel base superalloy [J]. Acta Materialia, 2013, 61 (1): 280-293.

[49] Zhang Z, Zhao Y, Shan J, et al. Influence of heat treatment on microstructures and mechanical properties of K447A cladding layers obtained by laser solid forming [J]. Journal of Alloys and Compounds, 2019, 790: 703-715.